U0389720

中式面点
制作与造型

陈洪华　王爱红　李祥睿　主编

化学工业出版社
·北京·

内容简介

本书首先介绍了中式面点制作与造型的艺术特点、分类、工具、技法、常见四大面团、影响因素，然后根据油酥面团、膨松面团、水调面团、米粉面团的顺序分别介绍了一些中式面点的制作和造型。书中对面点的原料配方、面团调制、馅心制作、成型技法、成熟工艺等进行了详细描述，特别强调了面点造型的手法和技巧。书中制作实例中配方真实，技术讲解细致。

本书可供职业院校烹饪相关专业师生、中式面点生产企业技术操作人员和对面点感兴趣的普通读者参考。

图书在版编目（CIP）数据

中式面点制作与造型 / 陈洪华，王爱红，李祥睿主编. —北京：化学工业出版社，2022.1（2024.8重印）
ISBN 978-7-122-40328-5

Ⅰ. ①中… Ⅱ. ①陈… ②王… ③李… Ⅲ. ①面食－制作－中国－职业教育－教材 Ⅳ. ① TS972.116

中国版本图书馆 CIP 数据核字（2021）第 241963 号

责任编辑：彭爱铭 　　　　　　　装帧设计：张　辉
责任校对：王　静

出版发行：化学工业出版社（北京市东城区青年湖南街13号　邮政编码100011）
印　　装：北京宝隆世纪印刷有限公司
710mm×1000mm　1/16　印张9½　字数203千字　2024年8月北京第1版第2次印刷

购书咨询：010-64518888　　　　　　售后服务：010-64518899
网　　址：http://www.cip.com.cn
凡购买本书，如有缺损质量问题，本社销售中心负责调换。

定　　价：88.00元 　　　　　　　　　　　　　版权所有　违者必究

编写人员名单

主　编　陈洪华　王爱红　李祥睿

副主编　徐子昂　张开伟　吴熳琦　姚　磊　李春林　范莹莹　程　宝

参　编　高正祥　曾玉祥　高玉兵　纪有良　李东文　仲玉梅　陶　丽

　　　　王文琪　许正兴　董　佳　张亮亮　曹　玉　张　雯　束晨露

　　　　沈海军　吴　磊　豆思岚　王志强　郭一宁　穆照纬　姜　超

　　　　赵姿菁　蒋思婷　赵文娜　孙　凯　王　全　纪雨婷　潘宏香

　　　　张仁东　何　倩　皮衍秋　牛琳娜　盛红风　张　艳　张　成

　　　　周梦洁　陆轩怡　桑艳萍　兰　锦　鞠新美

中式面点经过几千年的发展，品种层出不穷，造型更是千姿百态，体现了原料美、技艺美和组合装饰美。中式面点是面点形、色的配合，也是面点色、形、器的统一，更是艺术造型与食品原料相结合，充分发挥了食品原料性能和工艺制作的特点，使艺术创造与面点工艺融为一体。

我国面点历来注重造型的艺术效果，如：《齐民要术·饼法》中的"水引"（面条的早期名称）要"挼令薄如韭叶"，使之形状美观；《酉阳杂俎·酒食》"五色饼法"记道："刻木莲花，藕禽兽形按成之。"做成的花色象形面点，惟妙惟肖；唐代的"二十四气馄饨"花形、馅料各异；五代时的"花糕员外"更是别出心裁，做成的糕形状各不相同，有的如狮子形，有的外观如花，甚至有的糕内部都有花纹。这些花色面点在造型上，具有极强的艺术感染力与创造力，体现了我国面点独有的特色。

中式面点制作离不开面团，不同面团在面点制作中都占有重要的地位。本书稿遴选了中式面点四大面团中的一些代表性的品种，在介绍具体面点品种制作的基础上，以文配图的形式介绍了面点的制作程序、成型步骤，并配上了成品图片。对面点爱好者、面点厨师、中高职烹饪专业的学生和经常参加省市各级面点比赛以及面点国赛的选手都有很强的参考意义和启发价值。

本书稿由扬州大学陈洪华、扬州市旅游商贸学校王爱红和扬州大学李祥睿主编；无锡旅游商贸高等职业技术学校徐子昂、张开伟，浙江旅游职业学院吴熳琦、姚磊，连云港中等专业学校李春林、范莹莹、程宝担任副主编；王慧勤、顾宏初担任本书顾问。本书在编写过程中，得到了扬州大学、扬州市旅游商贸学校和化学工业出版社各级领导的支持，在此表示谢忱！

陈洪华　王爱红　李祥睿

2021年9月

目 录

（一）油酥面团类

（二）膨松面团类

（三）水调面团类

（四）米粉面团类

一、中式面点制作与造型的艺术特点

我国面点的制作与造型种类繁多，不同地区、不同风味、不同流派具有不同的造型。但是，不同的造型面点都具有可食性和艺术性的特点。

（一）可食性

"民以食为天"，任何一种面点的存在，都始源于它的可食性。面点造型应以食用为主，美化为辅，切不可本末倒置，否则，做得华而不实，光好看不好吃，背离了食品造型艺术的基本原则。

（二）艺术性

面点造型是指运用不同的成型手法塑造面点的形象。在造型上，个体造型面点或小巧玲珑，或美观大方，富于多种变化；整体造型面点则雅致、协调。在实际操作中，还可运用围边点缀的方法，协调个体、整体造型图案。围边、点缀是一种辅助美化工艺，是运用色泽鲜明、便于造型的可食性原材料在碟边或盘中装饰一些花卉、小草、鸟兽图案，可为面点增色添美，富含美感和寓意。

二、中式面点制作与造型的分类

我国面点制作与造型种类繁多，通常按其造型方式、成型手段和面团种类的不同加以分类。

（一）按造型方式分类

1.仿几何型

几何型体是造型艺术的基础，它又分为单个几何造型和组合式几何造型两种形式。所以，在面点造型中，有大量的点心模仿生活中的各种几何型体而成，如三角粽、四喜饺、菱形油糕、圆形汤饼等，属于单个几何造型。而组合式几何造型类如裱花蛋糕，则体现了多种几何体的组合造型美。

2.仿植物型

仿植物型面点造型，是模仿自然界中的各种植物的根、茎、叶、花、果实的形状而制成。如水调面团制品中的菊花饺、梅花饺、兰花饺，即是仿菊花、梅花、兰花的外形而制成；发酵面团中的桃夹、橄榄卷、秋叶包、葫芦包、南瓜包则是模仿桃子、橄榄、秋叶、葫芦、南瓜的外形而制成。同样，油酥制品中的荷花酥、海棠酥、藕酥即是模仿荷花、海棠花、莲藕的外形而制成。船点中的蒜头、萝卜、茄子、青椒的造型，也是模仿自然界中的蒜头、萝卜、茄子、青椒的外形而塑造的。

3.仿动物型

仿动物型在面点造型中被大量采用，如燕子饺、孔雀饺、蝴蝶饺、知了饺、刺猬包、金鱼包、玉兔包、白猪包等都是仿动物形状的面点造型。

（二）按成型手段分类

1.手工成型

手工成型是采用手工方法塑造面点的一种成型手段。它又分一般面点造型和花色面

点造型两种方法。一般面点造型方法是指大众化的捏出或包出圆、扁、卷、长、椭圆等面点外形。花色面点造型通常指花色点心的捏塑，即运用灵巧的双手，加以艺术塑造。

2. 印模成型

印模成型是主要靠富有不同花纹的模具辅以手工操作制成。因模具花纹不同，而使面点具有不同的花纹图案。

（三）按面团种类分类

按照面团种类分类主要有水调面团类品种、膨松面团类品种、油酥面团类品种、米粉面团类品种等。

三、中式面点制作与造型的工具

制作面点工具因品种制作需要的不同而不同。工具的种类规格、形态各式各样。常用的工具可分为：制皮工具、成型工具、成熟工具、常用刀具及其他工具等五类。

（一）制皮工具

1. 擀面杖

又称擀面棍，是制作皮坯时不可缺少的工具。粗细大小不等，常有大、中、小三种，大的长80～86厘米，用以擀大块面；中的长约53厘米，宜用于擀轧花卷、饼等；小的长约33厘米，用以擀饺子皮、包子皮及油酥等小型面剂。擀面杖木质要求结实耐用，表面光滑，常以檀木或枣木制成。

2. 走槌

又称通心槌，形似滚筒，中间空，供插入轴心。使用时来回推动，外圈滚筒便灵活转动，用以擀烧卖皮、制作花卷及大块油酥起酥等。

3. 橄榄杖

中间粗，两头细，形如橄榄，用于擀烧卖皮、蒸饺皮等。

（二）成型工具

1. 花钳

一般用铜片制成，形状、式样很多。用于制作各种花色点心的钳花成型。

2. 花嘴

又叫挤花头、裱花嘴。运用花嘴的不同形态，可形成各种不同形状图案花纹。常用于大小蛋糕挤花、裱图案。

3. 木梳

用于制作鸟、鱼等形象花色点心品种的羽毛、鱼鳞等。

4. 拔挑

用于象形点心品种的开眼、点缀等制作。

5. 小剪

用于剪鱼鳞、鸟尾、虫翅、兽嘴、花瓣等制作。

6. 鹅毛管

用于戳鱼鳞、玉米粒和印眼窝、核桃花纹。

7. 小镊子

配花叶梗，装足、眼，以及夹芝麻等细小物件。

8. 牙刷

选用新的、细毛的，用于喷色素溶液。

9. 毛笔、排笔

用于成品造型表面抹油等。

（三）成熟工具

1. 铁勺

用于制馅、加料等。

2. 笊篱

又称漏勺，常以铁丝、铁皮、铝制或不锈钢制成，中间布有均匀孔洞，用于在水、油中捞取食品。

3. 筷子

有铁制或竹制两种，长短按需要而异。用于油炸食品时翻动半成品和夹取成品。

（四）常用刀具

1. 切刀

用于切肉、菜及斩肉泥。

2. 花滚刀

用于清酥皮、混酥皮点心切条、滚花纹等。

（五）其他工具

1. 粉筛

用于筛粉。大小不一，规格以粉筛网眼加以区分，按品种制作或生产需要选置。

2. 面刮板

用白铁皮、不锈钢皮或铜皮等制成。用于铲面、刮粉。

3. 粉帚

用棕制成。用于打扫粉料。

4. 小簸箕

一般用铝皮制成。用于盛粉等。

只有熟练、巧妙地运用以上工具才能充分发挥工具在面点造型中的作用，使面点的造型更加完美。

四、中式面点制作与造型的技法

中式面点制作与造型比较灵活，可以制成各种各样的形状，行业上将成型工艺称为"手上功夫"。虽然面点造型有多种，但它们都有共同的基本手法。一般面点的制作都要运用多种综合技法，才能完成较为理想的面点造型。常见的成型技法有以下几种：卷、捏、煎、滚、挤、钳、镶等。

1. 卷

一般是将擀制好的坯料，经加馅、抹油或直接根据品种要求，卷合成不同形式的圆柱状，然后制成成品或半成品。这种方法主要用于制作花卷、凉糕、层酥、蛋糕卷等品种。

2. 捏

有推捏、捻捏、搓捏、挤捏、折褶捏等多种手法。主要用于塑造象形品种，如花色蒸饺、船点、糕团、花色包子、虾饺等。

3. 剪

运用剪的手法，作为修饰成品、半成品所用，使产品更加形象化。

4. 滚

又称滚沾。主要用于制作米粉类点心品种，如滚糖粉、沾芝麻、椰丝、椰蓉等。

5. 挤

又称挤注、裱花。是将有坯料的布袋（或角袋），通过手指的挤压，使坯料均匀地从袋嘴流出。常用于裱花蛋糕的制作。

6. 钳

又称钳花。运用花钳整塑半成品的方法，依靠钳花工具的变化，形成多种形态，使制品更加美观。

7. 镶

又称镶嵌。一般用作美化成品，使之更加完美。镶嵌在成品表面，并巧妙地设计成各种图案，以增加成品的色、香、味、形。

五、中式面点制作与四大面团的关系

中式面点制作离不开面团。

面团调制是中式面点制作中最基本的一道工序，从某种意义上来说，没有面团就没有面点制作，也就没有所谓的面点制品。面团调制是取用粮食粉料加上适量的水、油、蛋等液体，加以调和、搅拌、揉搓等手法使其相互黏合成一个整体的团块的过程。面团之所以能够形成，是因为粮食粉料中含有丰富的淀粉、蛋白质等成分，具有与水、油、蛋等结合的条件。如果粮食粉料的品种不同，掺入的添加料不同，调制的方法不同，面团的性质也就各不相同。面团在调制过程中，其调制的适当与否，对面点的色、香、味、形，都有重大的影响。

中式面点常见的有四大面团：油酥面团、膨松面团、水调面团、米粉面团。

（一）油酥面团

油酥面团是起酥类面点制品所用面团的总称。它也分有很多种类：根据成品分层次与否，可分为层酥面团和混酥面团两种；根据调制面团时是否放水，又分为干油酥和水油面两种；根据成品表现形式，划分为明酥、暗酥、半明半暗酥三种；根据操作时的手法分为大包酥和小包酥两种。

层酥：是用水油面团包入干油面团经过擀片、包馅、成型等过程制成的酥类制品。

成品成熟后，显现出明显的层次，标准要求是层层如纸，口感松酥脆，口味多变。如海棠酥、枇杷酥等。

混酥：是用蛋、糖、油和其他辅料混合在一起调制成的面团。用混酥面团制成食品的特点是成型方便，制品成熟后无层次，但质地酥脆。代表作有桃酥、甘露酥等。

大包酥：就是一次加工几个或几十个制品。

小包酥：就是一次包一个或几个。它是根据制品的数量、质量要求来决定。包酥时要注意擀制均匀，少用生粉，卷紧，盖上湿布等，每个环节都要掌握好，这样才能制出好的制品来。

干油酥：是指只用油脂（最好用猪油）和面粉按一定比例揉制成的面团。面粉和油脂的比例约为2.5:1。先把面粉放在案板上或盆中，中间扒个坑，把油倒入搅拌均匀，反复擦匀擦透即可。

水油面：是面粉加油和水调制而成的面团。面粉、水、油的比例约为5:2:1。先将面粉倒入案板或盆中，中间扒个坑，加入水、油和部分面粉，用手搅动，待混合均匀后，拌入剩下的面粉揉搓成团，盖上湿布饧15分钟，再反复揉搓揉透。

暗酥：就是酥层在里边，外面见不到，切开时才能见到，如黄桥烧饼、双麻酥饼等。

明酥：就是酥层都在表面，清晰可见，如千层酥、兰花酥、荷花酥等。

半明半暗酥：就是部分层次在外面可见，如蛤蟆酥、蟠桃酥等。

（二）膨松面团

膨松面团主要包括生物膨松面团、物理膨松面团和化学膨松面团。生物膨松面团又称为发酵面团，分为酵母发酵面团和面肥发酵面团。

酵母发酵面团，简称酵面、发面。它是在面粉中加入适量的发酵剂，再用冷水或温水调制而成的面团。这种面团通过微生物和酶的催化作用，面团产生大量的二氧化碳，并由于面筋网络组织的形成，而被留在网状组织内，使烘烤面点组织疏松多孔，体积增大。

面肥发酵面团是使用面肥作为发酵剂，加上面粉、冷水或温水调制而成的面团。其中面肥，又称酵种（也称老肥、面头、引子等）。面肥除含有酵母菌外，还含有较多的醋酸杂菌和乳酸杂菌。面肥是饮食行业传统的酵面催发方式，经济方便，但缺点是时间长，使用时必须加碱中和酸味。

物理膨松面团是利用鸡蛋、油脂经过高速抽打，使鸡蛋、油脂在被抽打的运动中，把气体搅入鸡蛋中的胶性蛋白质内，然后与麦粉等物料进行调制成蛋泡面团或蛋油面团。其再经过几个工序加工成熟，在加热中使面团内所含气体受热膨松，使制品松发、柔软。

化学膨松面团是掺入一定数量的化学膨松剂调制而成的面团，它利用一些化学膨松剂在面团中经加热产生一系列化学反应，使面团膨胀、松软。其制品的特点：制作工序简单，膨松力强，时间短，制品形态饱满，松泡多孔，质感柔软。

（三）水调面团

水调面团离不开水，不同的水温也成就了不同的面团。常见的水调面团按其性质可分为冷水面团、温水面团、热水面团、水矢面团等。

1. 冷水面团

冷水面团是用30℃以下的冷水调制成的。具有组织严密、质地硬实、筋力足、韧性强、拉力大、熟制品色白、吃口爽滑等特点。冷水面团的成团主要是蛋白质的亲水性起的作用。冷水面团适宜制作水饺、馄饨、面条、春卷皮等。

2. 温水面团

温水面团是指用50 ~ 60℃的水与面粉直接拌和、揉搓而成的面团。或者是指用一部分沸水先将面粉调成雪花面，再淋上冷水拌和、揉搓而成的面团。温水面团色较白，筋力较强，柔软，有一定韧性，可塑性强，成熟过程中不易走样，成品较柔糯，口感软滑适中。适合做花式蒸饺等。

3. 热水面团

热水面团是指用90℃以上的水与面粉混合、揉搓而成的面团。热水面团的特点：面粉在热水的作用下，既使蛋白质变性，又使淀粉膨胀糊化产生黏性，大量吸水并与水融合形成面团。行业中把烫面的程度称为"三生面""四生面"。"三生面"就是说，十成面当中有三成是生的，七成是熟的。"四生面"就是生面占4/10，熟面占6/10。一般制品大约都在这两个比例之中。热水面团色暗、无光泽，可塑性好，韧性差，成品细腻、柔糯黏弹，易于消化吸收。适合做蒸饺、烧卖等。

4. 水尖面团

水尖面团是完全用100℃的沸水，将面粉充分烫熟而调制成的一种特殊面团。其面粉中的蛋白质完全成熟变性，淀粉充分膨胀糊化。因此，水尖面团的特点是：色泽暗。弹性足，黏性强，筋力差，可塑性高。适宜做煎炸类的点心，例如，烫面炸糕、泡芙等。

（四）米粉面团

米粉面团是指用米粉掺水调制而成的面团。由于米的种类比较多，如糯米、粳米、籼米等，因此可以调制出不同的米粉面团。米粉面团的制品很多，按其属性，一般可分为3大类，即糕类粉团、团类粉团、发酵粉团。除这3种纯粹用米粉调制的粉团外，还有很多用米粉与其他粉料调制而成的粉团，比如说米粉与澄粉或者杂粮调制而成的粉团。

六、影响中式面点制作与造型的因素

中式面点制作与造型工艺是比较复杂的，制作者除应具备面点制作的基本操作技能及工具的使用方法之外，还应掌握原料的合理使用和面点的熟制方法，这是影响中式面点制作与造型的主要因素。

（一）面点原料对面点制作与造型的影响

任何面点造型都是由多种原料组成的。影响面点造型的重要原料有面粉、米粉、油脂、疏松剂等。

1. 面粉

不同种类的面粉，由于品质不同，对面点的造型有着不同程度影响。我国目前的面粉按筋力强度可分为高筋粉、中筋粉、低筋粉。不同等级的面粉所含的面筋蛋白质的质量差别很大。高筋粉面筋蛋白质可以在面点中形成面筋网络结构，起到骨架、支撑作用，便于点心造型时不坍塌。中筋粉、低筋粉因面筋蛋白质含量少，宜用来调制酥性、半酥性面团，使制成面点造型外观呈酥松、多孔、自然纹，成品具有酥松、脆的特点。

因此，制作各种花色造型面点时，应恰当地选择使用面粉。

2. 米粉

米粉是制作米点造型的重要原料。其常用米品为糯米。原料品质优良与否，直接影响面点的组织结构和色泽。所以，制作米点造型应选择新鲜米，粒型大小均匀的、圆形的为好，长形次之。否则，影响面点的组织结构与造型完美。

3. 油脂

油脂是制作各式酥点造型的主要原料之一。自然界中油脂种类很丰富，但并不是每一种油脂都适合做酥点。在面点制作过程中，常常从油脂的塑性、色彩等方面来选择油脂。常用的油脂有猪油、起酥油、奶油等。

油脂具有润滑性、间隔性和疏水性等特性，运用面点的各种技法加入面坯后，可以制作各种花色酥点（如明酥类、暗酥类、半明半暗酥类等各个品种），达到具体的造型目的，还可使面点造型中的水分不易散失，保持滋润的特点。

另外，不同油脂含有不同色素，利用油脂的本色，可以使面点造型呈自然光泽。

4. 疏松剂

疏松剂一般分为微生物疏松剂（如鲜酵母、干酵母等）与化学疏松剂（如碳酸氢钠、碳酸氢铵等）两类。使用得当可使面点造型美观，外部膨胀发大，内部呈多孔疏松状。由于生物原因，微生物疏松剂不宜用来调制糖多、油重的面团，而宜用来制作具有松泡酥脆特点的甜酥类点心及其他面点。碳酸氢钠适用于需向四周摊大、横向发大的点心，但它分解后，易留下碳酸钠，使面点造型表面出现黄色斑点，影响美观。碳酸氢铵适用于需向上起发膨大的点心造型，因为它分解产生的气体多，易使点心制品内部过松而使造型出现坍塌，影响形态美观。

（二）熟制对面点造型的影响

俗话说："三分做，七分火"。这就是说熟制在面点制作过程中起着重要的作用，它不仅使面点由生变熟，成为人们容易消化吸收的食品，而且可以确定面点制品的口味、色泽，确定面点的造型。

面点制品种类繁多，熟制方法也多种多样。但是，主要方法有单加热法，如蒸、煮、烙、炸、煎、烤等。为了适应特殊需要采用两种或两种以上熟制的复合加热方法，如蒸（煮）后煎（炸、烤）或蒸（煮）后炒（烙、烩）等方法。遵循各种加热方法的规律，才能保证制品造型的完美。

七、中式面点制作与造型的图例

（一）油酥面团类

慈姑酥

原料

精白面粉500克，莲蓉馅200克，熟猪油150克，温水100毫升，蛋清1个，黑芝麻10克。

制法

1. 和面

（1）调制干油酥　取200克面粉，加入熟猪油100克，擦成干油酥（图1～图3）；团成圆球状（图4），再压成长方块（图5），用保鲜膜盖住备用。

（2）调制水油面　取面粉250克，加温水100毫升、熟猪油50克（图6）放在案板上，用手拌匀（图7）；揉成水油面（图8）；搓成圆球状（图9）；其余50克面粉留作面扑干粉用。

2. 起酥

（1）包酥　案板上铺上白棉布，将水油面用擀面杖擀成长方形（图10）；一端放上擀成长方块的干油酥（图11）；另一端覆盖上，边缘包上锁边（图12），用剪刀剪去多余的边（图13）。

（2）擀酥　将包好的酥面，擀成长方形面片（图14、图15）；从两端对折一半（图16），再对折；继续擀成长方形；如此反复三次。

（3）叠酥　将擀好的酥面片用刀切成8cm宽的面片（图17），然后刷上蛋清叠成长方形面块（图18）；切成5毫米厚的面片（图19），排放在刷上蛋清的面片上（图20），用刀切成面块（图21）。

3. 成型

先将莲蓉馅搓成水滴形（图22）；水调面搓成慈姑芽，用烤箱以110℃烘干备用（图23）。将切下的面块放在保鲜膜上擀成薄片，放上馅心（图24），顺着馅心的形状包成大水滴形（图25），插上慈姑芽（图26），沾上黑芝麻（图27），制成生坯（图28）。

4. 成熟。

油锅上火，放入色拉油，当油温升至三四成热时，改小火后下入生坯（图29）。炸至酥层张开时，将油锅升温，待炸至制品浮起，内无含油为止（图30）。

特点

形似慈姑，酥层清晰，小巧玲珑（图31）。

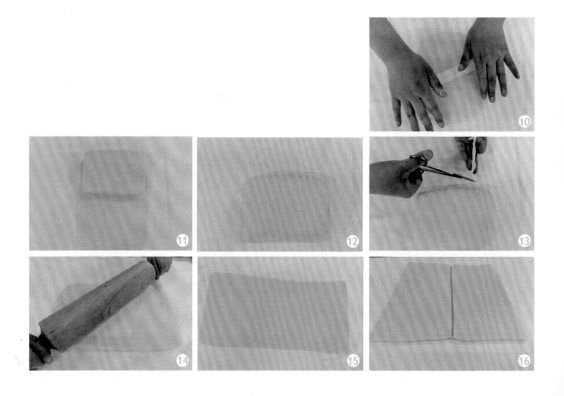

绣球酥

原料

精白面粉500克，莲蓉馅100克，熟猪油150克，温水100毫升，蛋清1个，红、绿蔬菜粉各适量。

制法

1．和面

（1）调制干油酥　制作过程参见"慈姑酥"。

（2）调制水油面　取面粉250克，加温水100毫升、熟猪油50克，放在案板上，用手拌匀；揉成水油面；搓成圆球状，分成两份，分别加入红、绿蔬菜粉，揉匀成团（图1、图2）；擀成薄片；其余50克面粉留作面扑干粉用。

2．起酥

（1）包酥　案板上铺上白棉布，将红色水油面的面片放在棉布上；上面放上擀成长方块的干油酥（图3），对折盖上，将边缘包上压紧（图4）。

（2）擀酥　将包好的酥面，擀成长方形面片（图5）；从两端对折1/3（图6），再对折；继续擀成长方形；如此反复三次。

（3）叠酥　将擀好的酥面片用刀切成8cm宽的面片（图7），然后刷上蛋清叠成长方形面块（图8）；切成5毫米厚的面片，排放在刷上蛋清的面片上（图9），用刀切成面条（图10）。

绿色面团的包酥、擀酥、叠酥等参照红色面团的做法。

3．成型

先将莲蓉馅搓成球形（图11）；绿色酥面切成条（图12），将红色面条和绿色面条编成格子状（图13），包上馅心（图14），做成球形（图15），底部刷上蛋清，沾上黑芝麻（图16），做成生坯。

4．成熟

油锅上火，放入色拉油，当油温升至三四成热时，改小火后下入生坯。炸至酥层张开时，将油锅升温，待炸至制品浮起，内无含油为止。

特点

形似绣球，酥层清晰（图17）。

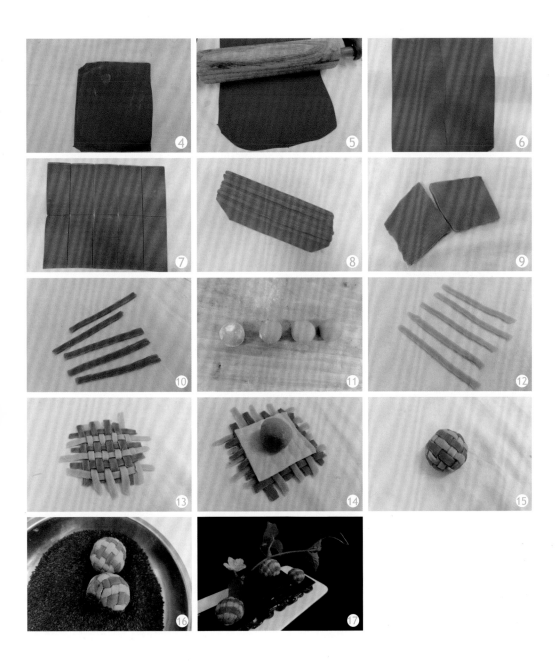

鲍鱼酥

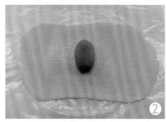

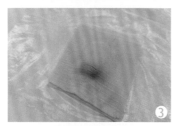

原料

精白面粉500克，莲蓉馅200克，熟猪油150克，温水100毫升，鸡蛋1个。

制法

1. 和面、起酥参照"慈姑酥"中的做法。

2. 成型

先将莲蓉馅搓成椭圆球形（图1）；放在置于棉布上擀平的酥片上（图2），再覆盖上一片酥片（图3）；另取一大片酥块（图4），分割成一块（图5），垂直酥纹90度剞2/3深度（图6），切成粗条（图7），圈在凸起的馅心周围（事先刷上蛋清）（图8），制成生坯（图9）。

3. 成熟

油锅上火，放入色拉油，当油温升至三四成热时，改小火后下入生坯。炸至酥层张开时，将油锅升温，待炸至制品浮起，内无含油为止。

特点

形似鲍鱼，生动活泼（图10）。

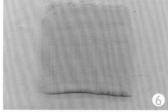

大蒜酥

原料

精白面粉500克，莲蓉馅200克，熟猪油150克，温水100毫升，蛋清1个，黑芝麻10克。

制法

1．和面、起酥

制作过程参照"慈姑酥"中的做法。

2．成型

先将莲蓉馅搓成水滴形（图1）；将切下的面块放在保鲜膜上擀成薄片，放上馅心，顺着馅心的形状包成大蒜头形（图2、图3），再将五颗大蒜头一侧刷上蛋清拢在一起，形成一颗整蒜头（图4），底部也刷上蛋清沾上白芝麻（图5），做成生坯（图6）。

3．成熟

油锅上火，放入色拉油，当油温升至三四成热时，改小火后下入生坯。炸至酥层张开时，将油锅升温，待炸至制品浮起，内无含油为止。

特点

形似大蒜，小巧玲珑（图7）。

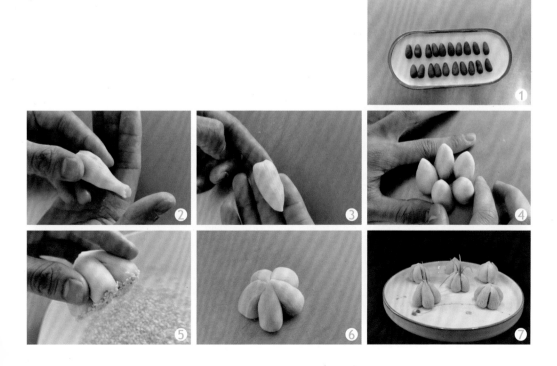

灯笼酥

原料

精白面粉500克，莲蓉馅200克，熟猪油150克，温水100毫升，蛋清1个，海苔5克，黄色蔬菜粉1克，红色蔬菜粉5克。

制法

1. 和面

调制干油酥过程参照"慈姑酥"中的做法。调制水油面过程也参照"慈姑酥"中的做法。水油面中的1/4加入黄色蔬菜粉揉匀成团（图1）；水油面中的3/4加入红色蔬菜粉揉匀成团（图2）；其余50克面粉留作面扑干粉用。

2. 红色面团的起酥

参照"绣球酥"中红色面团的做法。

3. 成型

将黄色水油面擀薄做成灯笼头、灯笼穗（图3、图4）。

先将莲蓉馅搓成球形；将切下的面块放在保鲜膜上擀成薄片，放上馅心（图5），顺着馅心的形状包成灯笼形（图6），两端圈上海苔条，制成生坯（图7）。

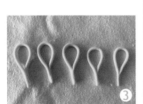

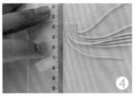

4. 成熟

油锅上火，放入色拉油，当油温升至三四成热时，改小火后下入生坯。炸至酥层张开时，将油锅升温，待炸至制品浮起，内无含油为止。

特点

形似灯笼，喜气洋洋（图8）。

"鼓酥"

原料

精白面粉500克，莲蓉馅200克，熟猪油150克，温水100毫升，蛋清1个，红色蔬菜粉5克，白芝麻适量。

制法

1.和面

调制干油酥过程参照"慈姑酥"中的做法。

调制水油面过程也参照"慈姑酥"中的做法。水油面中加入红色蔬菜粉揉匀成团（图1）；其余50克面粉留作面扑干粉用。

2.红色面团的起酥

参照"绣球酥"中红色面团的做法。

3.成型

先将莲蓉馅搓成枣核形；将切下的面块放在保鲜膜上擀成薄片，放上馅心（图2），顺着馅心的形状包成鼓形（图3），两端沾上白芝麻，制成生坯（图4）。

4.成熟

油锅上火，放入色拉油，当油温升至三四成热时，改小火后下入生坯。炸至酥层张开时，将油锅升温，待炸至制品浮起，内无含油为止，晾凉后在鼓的两端贴上圆形标签即可。

特点

形似腰鼓，喜气洋洋（图5）。

海棠酥

原料

精白面粉500克，莲蓉馅200克，熟猪油150克，温水100毫升，蛋清1个，红色面团10克（或红樱桃10颗）。

制法

1.和面、起酥
制作过程参照"慈姑酥"的做法（但海棠酥不需要"叠酥"步骤）。

2.成型
先将莲蓉馅搓成球形；在擀好酥皮上，用模具刻出圆皮，放上馅心（图1、图2），顺着馅心的形状包起分为五等份（图3、图4），拢起后用剪刀在五个角剪出五个条，分别向中心翻起压紧（图5～图7），再在五个角的下沿剪去五个小角（图8、图9）；制成生坯（图10）。

3.成熟
油锅上火，放入色拉油，当油温升至三四成热时，改小火后下入生坯。炸至酥层张开时，将油锅升温，待炸至制品浮起，内无含油为止。

特点

形似海棠，酥层清晰（图11、图12）。

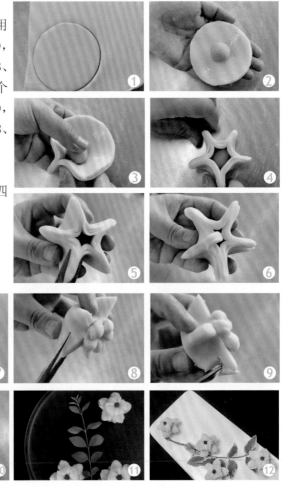

海豚酥

原料

精白面粉500克，莲蓉馅100克，熟猪油150克，温水100毫升，蛋清1个，黑芝麻1克。

制法

1.和面、起酥

制作过程参照"慈姑酥"的做法。

2.成型

先将莲蓉馅搓成水滴形；将切下的面块放在保鲜膜上擀成薄片，用模具刻出酥片，放上馅心（图1～图3），顺着馅心的形状包成海豚形（图4、图5），装上鱼鳍（图6、图7），沾上黑芝麻，制成生坯（图8、图9）。

3.成熟

油锅上火，放入色拉油，当油温升至三四成热时，改小火后下入生坯。炸至酥层张开时，将油锅升温，待炸至制品浮起，内无含油为止。

特点

形似海豚，酥层清晰，小巧玲珑，活泼可爱（图10）。

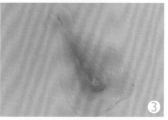

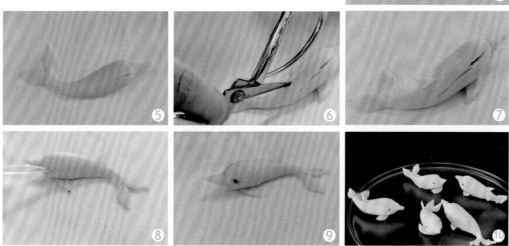

19

荷花酥

原料

精白面粉 500 克，莲蓉馅 200 克，熟猪油 150 克，温水 100 毫升，蛋清 1 个，黑芝麻 10 克。

制法

1. 和面、起酥

参照"慈姑酥"中的做法。但荷花酥不需要"叠酥"步骤。

2. 成型

先将莲蓉馅搓成球形；将擀好的酥片用圆形模具刻成圆皮（图1），放上馅心，用双手配合拢紧（图2、图3），用剪刀剪去尖部，顶部用快刀划上十字形（图4、图5），然后刷上蛋清，沾上白芝麻，制成生坯（图6）。

3. 成熟

油锅上火，放入色拉油，当油温升至三四成热时，改小火后下入生坯。炸至酥层张开时，将油锅升温，待炸至制品浮起，内无含油为止。

特点

形似荷花，舒展大方（图7、图8）。

"核桃酥"

配方

1. 馅料

栗蓉馅100克。

2. 坯料

（1）干油酥 低筋面粉150克，熟猪油75克。

（2）水油面 中筋面粉150克，温水75毫升，熟猪油35克，可可粉5克。

制法

1 和面

（1）干油酥调制 将面粉放在案板上，加入熟猪油（图1），拌匀擦成干油酥（图2），将干油酥面团分成10个小坯（图3）。

（2）水油面调制 将面粉放在案板上，扒一个窝，加上温水、熟猪油、可可粉（图4），揉擦成棕色的水油面（图5），将水油酥面团分成10个小坯（图6）。

2. 成型

将水油面按成中间厚周边薄的皮，包入干油酥（图7），收口向上（图8），擀成长方形面皮（图9），叠成三折。如此重复再叠一次三层，擀成0.8厘米厚的长方形面皮（图10），包入馅心（图11），收口捏紧向下。用花钳在上端夹出核桃梗（图12），再用花钳在表面夹些印痕，形似核桃纹，即成核桃酥生坯（图13、图14）。

3. 成熟

将核桃生坯放入烤盘，以170℃，烤25分钟即可。

特点

色泽棕褐，形似核桃，口感酥脆，香甜适口（图15）。

胡萝卜酥

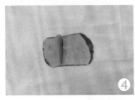

原料

精白面粉500克，莲蓉馅200克，熟猪油150克，温水100毫升，蛋清1个，红色、绿色蔬菜粉各适量。

制法

1. 和面

（1）调制干油酥。制作过程参见"慈姑酥"。

（2）调制水油面。取面粉250克，加温水100毫升、熟猪油50克，放在案板上，用手拌匀；揉成水油面；搓成圆球状，分成两份，分别加上红色、绿色蔬菜粉，揉匀成团（图1、图2）；其余50克面粉留作面扑干粉用。

2. 起酥

红色面团和绿色面团的起酥方法参照"西瓜酥"里面的红色面团的做法。

3. 成型

先将莲蓉馅搓成胡萝卜形（图3）；将切下的面块放在保鲜膜上擀成薄片，翻过来放上馅心（图4），顺着馅心的形状包成胡萝卜形（图5），插上绿色酥皮卷作胡萝卜樱，制成生坯（图6）。

4 成熟

油锅上火，放入色拉油，当油温升至三四成热时，改小火后下入生坯。炸至酥层张开时，将油锅升温，待炸至制品浮起，内无含油为止。

特点

形似胡萝卜，充满着勃勃生机（图7）。

花生酥

原料

1. 馅料

栗蓉馅100克。

2. 坯料

（1）干油酥　低筋面粉150克，熟猪油75克。

（2）水油面　中筋面粉150克，温水75毫升，熟猪油35克。

制法

1. 和面

干油酥、水油面的调制过程参照"核桃酥"的做法。

2. 成型

将水油面小坯按成中间厚周边薄的皮，包入干油酥小坯（图1），收口向上，擀成长方形面皮，叠成三折。如此重复再叠一次三层，擀成0.8厘米厚的长方形面皮，包入馅心（图2），收口捏紧向下。用花钳在上端夹出花生纹（图3），即成花生酥生坯（图4）。

3. 成熟

将花生酥生坯放入烤盘，以170℃，烤25分钟即可。

特点

色泽黄白，形似花生，酥脆香甜（图5）。

金鱼酥

原料

精白面粉500克，莲蓉馅200克，熟猪油150克，温水100毫升，鸡蛋1个，海苔1克。

制法

1. 和面、起酥

参照"慈姑酥"中的做法。

2. 成型

先将莲蓉馅搓成球形；放在置于保鲜膜上擀平的酥片上（图1）；包成糖果型（图2、图3），剪去一头，沾上鱼嘴和鱼眼睛，腰上系上海苔条（图4～图6），制成生坯（图7）。

3. 成熟

油锅上火，放入色拉油，当油温升至三四成热时，改小火后下入生坯。炸至酥层张开时，将油锅升温，待炸至制品浮起，内无含油为止。

特点

形似金鱼，栩栩如生（图8、图9）。

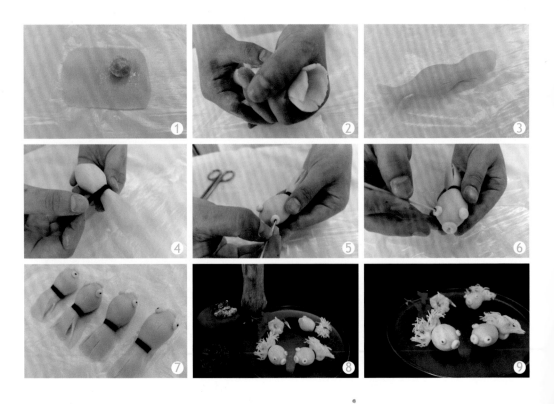

老鼠酥

原料

精白面粉500克，莲蓉馅100克，熟猪油150克，温水100毫升，鸡蛋1个。

制法

1. 和面、起酥

参照"慈姑酥"中的做法。

2. 成型

将水油面揉捏制成老鼠的耳朵、爪、尾巴（图1～图3）。

再将莲蓉馅搓成竹笋形（图4）；放在置于保鲜膜上擀平的酥片上；包成老鼠形（图5、图6），沾上黑芝麻做眼睛制成生坯（图7）。

3. 成熟

油锅上火，放入色拉油，当油温升至三四成热时，改小火后下入生坯。炸至酥层张开时，将油锅升温，待炸至制品浮起，内无含油为止。

特点

形似老鼠，栩栩如生（图8）。

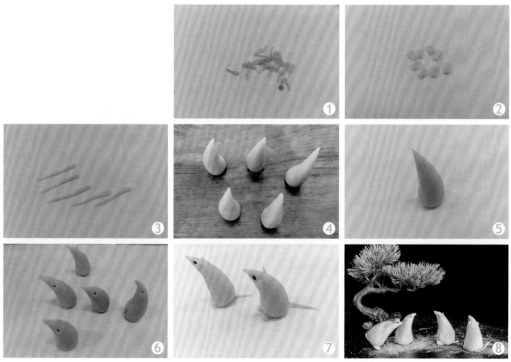

25

鹿酥

①

原料

精白面粉500克，莲蓉馅200克，熟猪油
150克，温水100毫升，蛋清1个，黑芝麻
10克。

②

制法

1. 和面、起酥

参照"慈姑酥"中的做法。

2. 成型

先将莲蓉馅搓成水滴形（图1）；水调面搓
成鹿角，用烤箱以110℃烘干备用（图2）。
将切下的面块放在保鲜膜上擀成薄片，用
模具刻出水滴形面皮（图3），放上馅心，
顺着馅心的形状包成鹿形（图4、图5），
插上鹿角（图6），沾上黑芝麻做眼睛，以
及沾上鹿爪、鹿尾等，制成生坯（图7）。

③

3. 成熟

油锅上火，放入色拉油，当油温升至三四
成热时，改小火后下入生坯。炸至酥层张
开时，将油锅升温，待炸至制品浮起，内
无含油为止。

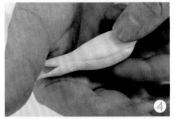④

特点

形似小鹿，玲珑活泼（图8）。

⑤

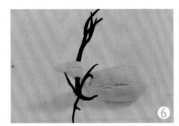⑥

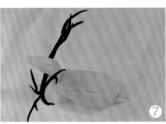⑦

⑧

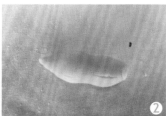

绵羊酥

原料

精白面粉500克，莲蓉馅200克，熟猪油150克，温水100毫升，蛋清1个，黑芝麻10克。

制法

1. 和面、起酥

制作过程参照"慈姑酥"中的做法。

2. 成型

先将莲蓉馅搓成"橄榄形"；将少量水油面搓成绵羊角、脚，以及做成红色脖领备用。将切下的面块放在保鲜膜上擀成薄片，放上馅心（图1），顺着馅心的形状包成绵羊形（图2）。将油酥块剞上花纹（图3、图4），包在绵羊生坯外面（图5），装上绵羊角、脚、脖颈、眼睛等，做成生坯（图6）。

3. 成熟

油锅上火，放入色拉油，当油温升至三四成热时，改小火后下入生坯。炸至酥层张开时，将油锅升温，待炸至制品浮起，内无含油为止。

特点

形似绵羊，憨态可掬（图7）。

27

牛酥

原料

精白面粉500克，莲蓉馅200克，熟猪油150克，温水100毫升，蛋清1个，黑芝麻10克。

制法

1. 和面、起酥

参照"慈姑酥"中的做法。

2. 成型

先将莲蓉馅搓成水滴形（图1）；水油面搓成牛角、牛脚备用（图2、图3）。将切下的面块放在保鲜膜上擀成薄片（图4），用模具刻成梯形（图5），放上馅心（图6），顺着馅心的形状包成牛形（图7、图8），插上牛角，沾上牛脚，点上眼睛，沾上牛尾，制成生坯（图9）。

3. 成熟

油锅上火，放入色拉油，当油温升至三四成热时，改小火后下入生坯。炸至酥层张开时，将油锅升温，待炸至制品浮起，内无含油为止。

特点

形似老牛，酥层清晰（图10）。

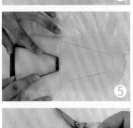

藕酥

原料

精白面粉500克，莲蓉馅200克，熟猪油150克，温水100毫升，鸡蛋1个，海苔片1克。

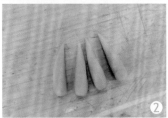

制法

1.和面、起酥

参照"慈姑酥"中的做法。

2.成型

将水油面揉捏成藕芽备用（图1）。

再将莲蓉馅搓成竹笋形（图2）；放在置于保鲜膜上擀平的酥片上（图3）；包成藕形（图4、图5），沾上海苔分成藕节，沾上芝麻，制成生坯（图6、图7）。

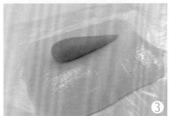

3.成熟

油锅上火，放入色拉油，当油温升至三四成热时，改小火后下入生坯。炸至酥层张开时，将油锅升温，待炸至制品浮起，内无含油为止。

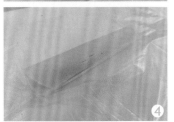

特点

形似莲藕，酥层清晰（图8）。

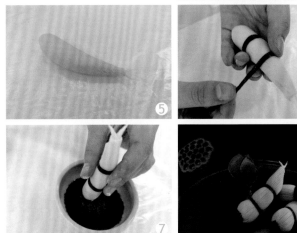

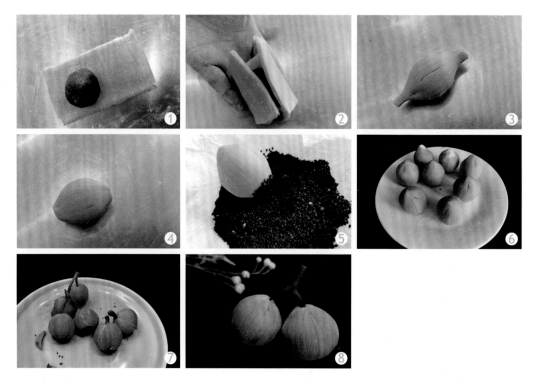

枇杷酥

原料

精白面粉500克，莲蓉馅200克，熟猪油150克，温水100毫升，鸡蛋1个，黄色蔬菜粉3克。

制法

1. 和面、起酥

参照"慈姑酥"。水油面调制时里面加上黄色蔬菜粉，调成黄色面团。

2. 成型

先将莲蓉馅搓成球形；放在置于棉布上擀平的酥片上（图1）；包成糖果形（图2、图3），剪去两端呈球形生坯（图4）；一端刷上蛋清沾上黑芝麻（图5），制成生坯（图6）。

3. 成熟

油锅上火，放入色拉油，当油温升至三四成热时，改小火后下入生坯。炸至酥层张开时，将油锅升温，待炸至制品浮起，内无含油为止。

特点

形似枇杷，形色俱佳（图7、图8）。

茄子酥

原料

精白面粉500克，莲蓉馅200克，熟猪油150克，温水100毫升，蛋清1个，蓝色蔬菜粉适量。

制法

1．和面

（1）调制干油酥　制作过程参见"慈姑酥"中的做法。

（2）调制水油面　取面粉250克，加温水100克、熟猪油50克，放在案板上，用手拌匀；揉成水油面；搓成圆球状，加上蓝色蔬菜粉，揉匀成团（图1）；其余50克面粉留作面扑干粉用。

2．起酥

起酥过程参照"绣球酥"里面的红色面团的做法。

3．成型

先将莲蓉馅搓成茄子形（图2）；水油面搓成茄子的蒂备用（图3）。将切下的面块放在保鲜膜上擀成薄片（图4），翻过来放上馅心（图5），顺着馅心的形状包成茄子形（图6），插上茄子蒂（图7），制成生坯（图8）。

4．成熟

油锅上火，放入色拉油，当油温升至三四成热时，改小火后下入生坯。炸至酥层张开时，将油锅升温，待炸至制品浮起，内无含油为止。

特点

形似茄子，酥层清晰（图9、图10）。

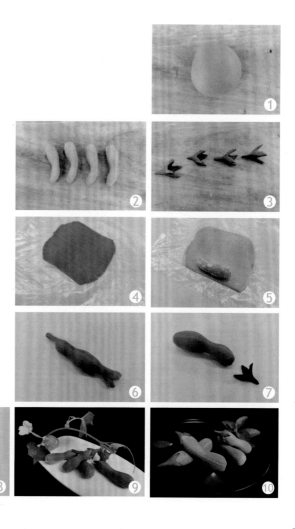

伞酥

原料

精白面粉500克，莲蓉馅200克，熟猪油150克，温水100毫升，鸡蛋1个，海苔片1克。

制法

1. 和面、起酥

参照"慈姑酥"中的做法。

2. 成型

将水油面揉捏成伞柄备用（图1）。

再将莲蓉馅搓成竹笋形（图2）；放在置于保鲜膜上擀平的酥片上；包成伞形（图3～图5），沾上海苔做成伞带（图6），加上伞柄制成生坯（图7）。

3. 成熟

油锅上火，放入色拉油，当油温升至三四成热时，改小火后下入生坯。炸至酥层张开时，将油锅升温，待炸至制品浮起，内无含油为止。

特点

形似雨伞，造型美观（图8）。

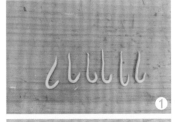

①

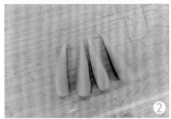

②

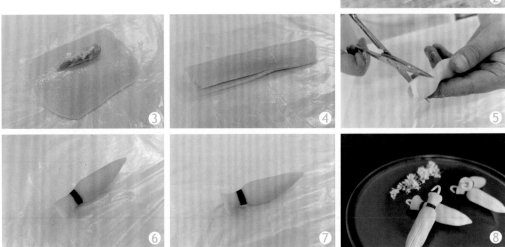

③ ④ ⑤

⑥ ⑦ ⑧

山竹酥

原料

精白面粉500克，莲蓉馅200克，熟猪油150克，温水100毫升，鸡蛋1个。

制法

1. 和面、起酥

参照"慈姑酥"中的做法。

2. 成型

先将莲蓉馅搓成球形（图1）；放在置于保鲜膜上擀平的酥片上（图2、图3）；包成球形（图4），顶部刷上蛋清（图5）；制作山竹蒂（图6），组合成山竹形（图7），制成生坯（图8）。

3. 成熟

油锅上火，放入色拉油，当油温升至三四成热时，改小火后下入生坯。炸至酥层张开时，将油锅升温，待炸至制品浮起，内无含油为止。

特点

形似山竹，蕴含生机（图9）。

33

丝瓜酥

原料

精白面粉500克，莲蓉馅100克，熟猪油150克，温水100毫升，蛋清1个，绿、黄色蔬菜粉各适量。

制法

1. 和面

（1）调制干油酥　制作过程参见"慈姑酥"中的做法。

（2）调制水油面　取面粉250克，加温水100毫升、熟猪油50克，放在案板上，用手拌匀；揉成水油面；搓成圆球状，分成两份分别加入绿、黄色蔬菜粉，揉匀成团；擀成薄片（图1、图2）；其余50克面粉留作面扑干粉用。

2. 起酥

（1）包酥　案板上铺上白棉布，将绿色水油面的面片放在棉布上擀薄；上面放上擀成长方块的干油酥（图3），盖上黄色的面片（图4）；将边缘包上锁边（图5）。

（2）擀酥　将包好的酥面，擀成长方形薄面片（图6）；从两端对折一半（图7），再对折；继续擀成长方形；如此反复三次。

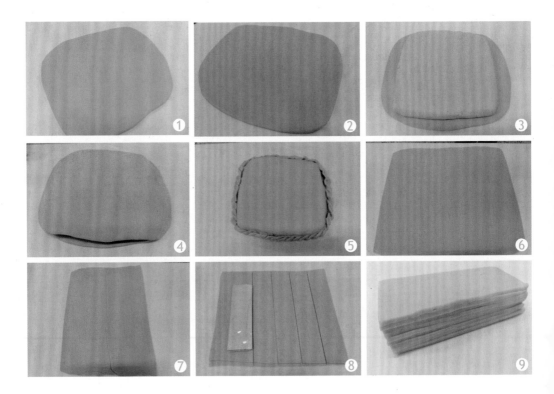

（3）叠酥　将擀好的酥面片用刀切成8厘米宽的面片（图8），然后刷上蛋清叠成长方形面块（图9）；切成5毫米厚的面片（图10），排放在刷上蛋清的面片上（图11），用刀切成面块（图12）。

3. 成型

先将莲蓉馅搓成丝瓜形（图13）；水调面搓成丝瓜花和丝瓜柄，用烤箱以110℃烘干备用（图14、图15）。将切下的面块放在保鲜膜上擀成薄片，放上馅心（图16），顺着馅心的形状包成丝瓜形（图17），插上丝瓜花、丝瓜柄，制成生坯（图18）。

4. 成熟

油锅上火，放入色拉油，当油温升至三四成热时，改小火后下入生坯。炸至酥层张开时，将油锅升温，待炸至制品浮起，内无含油为止。

特点

形似丝瓜，酥层清晰（图19）。

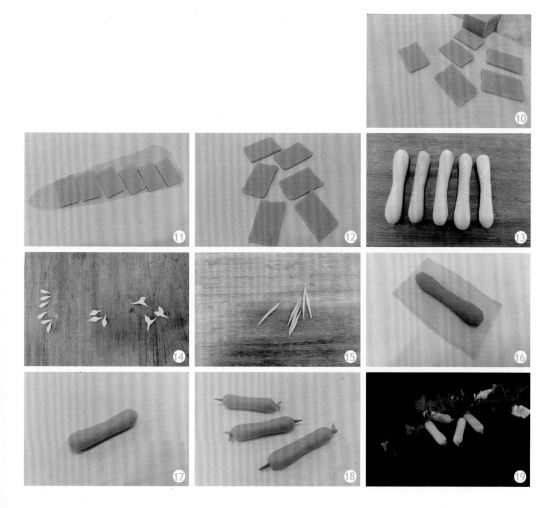

35

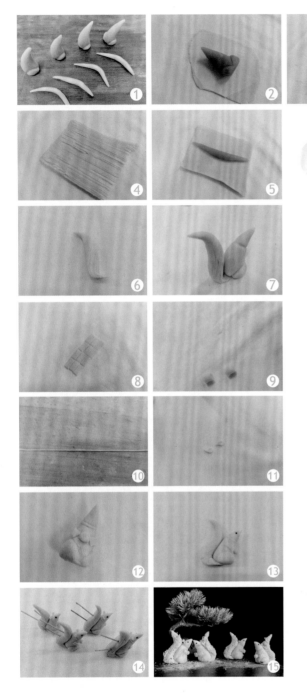

松鼠酥

原料

精白面粉500克，莲蓉馅200克，熟猪油150克，温水100毫升，鸡蛋1个，黑芝麻1克。

制法

1.和面、起酥

参照"慈姑酥"中的做法。

2.成型

先将莲蓉馅搓成松鼠形和尾巴形（图1）；放在置于棉布上擀平的酥片上（图2）；包成松鼠形身坯（图3）；将一片贴面酥皮与酥层方向垂直90度剖2/3深度（图4），包上松鼠尾巴形馅（图5、图6），组装成半生坯（图7）；再捏松鼠脚、松鼠耳朵、松鼠脖领、眼睛（图8～图11），做成生坯（图12～图14）。

3.成熟

油锅上火，放入色拉油，当油温升至三四成热时，改小火后下入生坯。炸至酥层张开时，将油锅升温，待炸至制品浮起，内无含油为止。

特点

形似松鼠，栩栩如生（图15）。

糖果酥

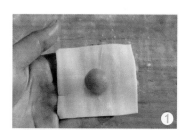

原料

精白面粉500克，莲蓉馅100克，熟猪油150克，温水100毫升，鸡蛋1个。

制法

1. 和面、起酥

参照"慈姑酥"中的做法。

2. 成型

先将莲蓉馅搓成球形；放在置于棉布上擀平的酥片上（图1）；包成糖果形（图2～图4），两端用海苔片圈紧（图5），制成生坯（图6）。

3. 成熟

油锅上火，放入色拉油，当油温升至三四成热时，改小火后下入生坯。炸至酥层张开时，将油锅升温，待炸至制品浮起，内无含油为止。

特点

形似糖果，小巧可爱（图7）。

兔子酥

原料

精白面粉500克，莲蓉馅200克，熟猪油150克，温水100毫升，鸡蛋1个，黑芝麻10粒。

制法

1. 和面、起酥

参照"慈姑酥"中的做法。

2. 成型

先将莲蓉馅搓成水滴形；放在置于棉布上擀平的酥片上（图1）；包成小兔形（图2、图3）；用水油面捏成兔耳朵、兔尾巴（图4），放在烤箱中以110℃，烤干备用；装上兔耳朵、兔尾巴、眼睛（图5），制成生坯（图6）。

3. 成熟

油锅上火，放入色拉油，当油温升至三四成热时，改小火后下入生坯。炸至酥层张开时，将油锅升温，待炸至制品浮起，内无含油为止。

特点

形似小兔，活泼可爱（图7）。

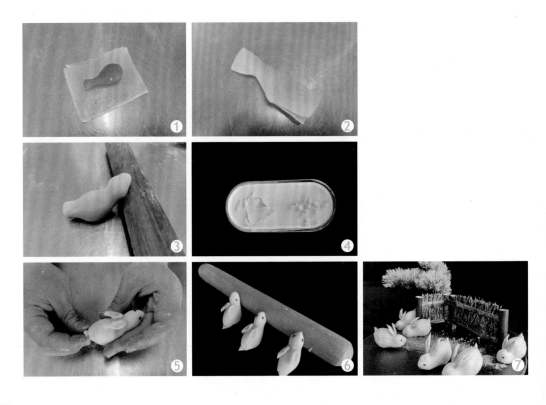

西瓜酥

原料

精白面粉500克，莲蓉馅200克，熟猪油150克，温水100毫升，蛋清1个，绿、红蔬菜粉各适量，黑芝麻适量。

制法

1. 和面

（1）调制干油酥　制作过程参见"慈姑酥"中的做法。

（2）调制水油面　取面粉250克，加温水100克、熟猪油50克，放在案板上，用手拌匀；揉成水油面；搓成圆球状，分成两份分别加入红、绿蔬菜粉，揉匀团；擀成薄片（图1、图2）；其余50克面粉留作面扑干粉用。

2. 起酥

（1）包酥　案板上铺上白棉布，将红色水油面的面片放在棉布上；上面放上擀成长方块的干油酥，折叠另一半盖上（图3）；边缘包上锁边（图4）。

（2）擀酥　将包好的酥面，擀成长方形面片（图5）；从两端对折一半（图6），再对折；继续擀成长方形；如此反复三次。

（3）叠酥　将擀好的酥面片用刀切成8厘米宽的面片（图7），然后刷上蛋清叠成长方形面块（图8）；切成5毫米厚的面片，排放在刷上蛋清的面片上（图9），用刀切成面块，擀成面片（图10、图11）。

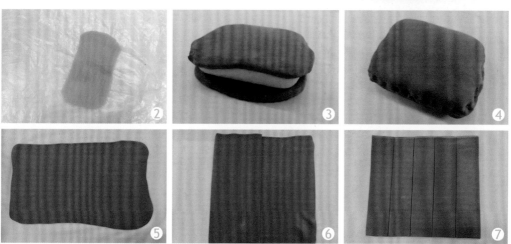

用类似方法将绿色的面团起酥。

3.成型

先将莲蓉馅搓成月牙形（图12）；置于保鲜膜上擀成的薄片上，放上馅心（图13），顺着馅心的形状包成西瓜形（图14、图15）；底部贴上绿色的酥面皮（图16），贴两次（图17），沾上黑芝麻粒，制成生坯（图18）。

4.成熟

油锅上火，放入色拉油，当油温升至三四成热时，改小火后下入生坯。炸至酥层张开时，将油锅升温，待炸至制品浮起，内无含油为止。

特点

形似西瓜，酥层清晰（图19）。

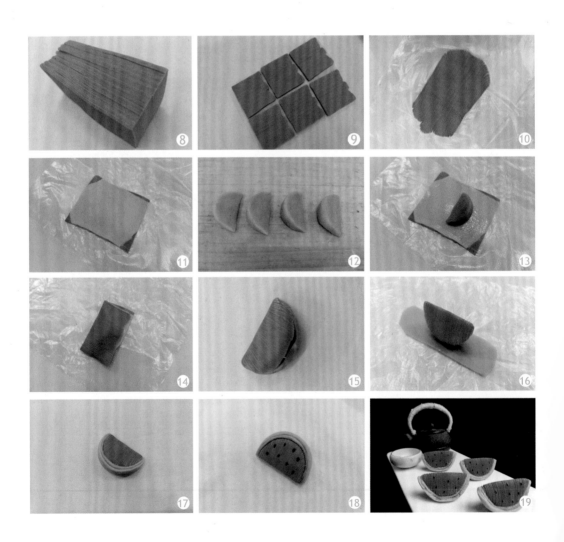

小狗酥

小狗酥 ®

原料

精白面粉500克，莲蓉馅200克，熟猪油150克，温水100毫升，鸡蛋1个，黑芝麻适量。

制法

1. 和面、起酥
参照"慈姑酥"中的做法。

2. 成型
先将莲蓉馅搓成水滴形；放在置于棉布上擀平、模具刻出的梯形酥片上（图1）；包成小狗形（图2～图4）；用水油面捏成小狗脚（图5、图6）；用水油面捏成小狗耳朵（图7、图8），装上小狗眼睛（图9），制成生坯（图10）。

3. 成熟
油锅上火，放入色拉油，当油温升至三四成热时，改小火后下入生坯，炸至酥层张开时，将油锅升温，待炸至制品浮起，内无含油为止。

特点

形似小狗，憨态可爱（图11）。

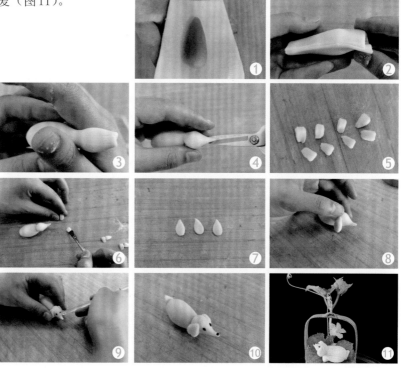

41

小鸡酥

原料

1. 馅料

栗蓉馅100克。

2. 坯料

（1）干油酥　低筋面粉150克，熟猪油75克。

（2）水油面　中筋面粉150克，温水75毫升，熟猪油35克。

制法

1. 和面

干油酥、水油面的调制过程参照"核桃酥"的做法。

2. 成型

将水油面小坯按成中间厚周边薄的皮，包入干油酥小坯（图1），收口向上，擀成长方形面皮，叠成三折。如此重复再叠一次三层，擀成0.8厘米厚的长方形面皮，包入馅心（图2），捏成小鸡形（图3），捏出鸡嘴、鸡尾，剪出鸡翅膀（图4）；压出鸡翅膀及鸡尾的纹路（图5、图6），做成生坯。

3. 成熟

将小鸡生坯放入烤盘，刷上蛋液（图7、图8），170℃烤25分钟即可。

特点

形似小鸡，酥脆香甜（图9）。

小猪酥

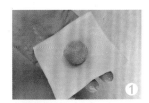

原料

精白面粉500克，莲蓉馅200克，熟猪油150克，温水100毫升，鸡蛋1个，黑芝麻10粒。

制法

1. 和面、起酥
参照"慈姑酥"中的做法。

2. 成型
先将莲蓉馅搓成球形；放在置于棉布上擀平的酥片上（图1）；包成小猪形（图2～图4）；用水油面捏成小猪耳朵、眼睛、嘴、尾巴（图5）；然后分别装上小猪的嘴、眼睛、耳朵、尾巴（图6～图8），制成生坯（图9）。

3. 成熟
油锅上火，放入色拉油，当油温升至三四成热时，改小火后下入生坯。炸至酥层张开时，将油锅升温，待炸至制品浮起，内无含油为止。

特点

形似小猪，憨态可掬（图10）。

杏鲍菇酥

精白面粉1000克，莲蓉馅300克，熟猪油300克，温水200毫升，鸡蛋1个，白芝麻15克，可可粉2克。

制法

1.杏鲍菇顶部制作

（1）和面

① 调制干油酥　取200克面粉，加入熟猪油100克，擦成干油酥，取其中1/3部分加上少量可可粉揉匀，制作可可色干油酥面团。

② 调制水油面　取面粉250克，加温水100毫升、熟猪油50克放在案板上，用手拌匀；揉成水油面；其余50克面粉留作面扑干粉用。

（2）起酥

① 包酥　案板上铺上白棉布，将水油面用擀面杖擀成长方形；一端放上擀成长方块的2/3白色干油酥和1/3可可色干油酥（图1）；另一端覆盖上，边缘包上锁边，用剪刀剪去多余的边。擀酥。将包好的酥面，擀成长方形面片（图2）；从两端1/3对折（图3、图4）；继续擀成长方形，卷成圆筒状（图5）。

② 叠酥　将卷好的圆筒状酥面用快刀横切成片（图6），擀成薄片后放在水油面的面皮上，用模具刻成圆片（图7～图9）。

2.杏鲍菇主体部分制作

（1）和面、起酥　参照"慈姑酥"。

（2）成型　先将莲蓉馅搓成水滴形；放在置于棉布上擀平的酥片上（图10）；包成一头粗一头细的纺锤形（图11）；两头刷上蛋清，一头沾上白芝麻，另一头沾上杏鲍菇圆片（图12、图13）；做成杏鲍菇生坯（图14）。

3.成熟

油锅上火，放入色拉油，当油温升至三四成热时，改小火后下入生坯。炸至酥层张开时，将油锅升温，待炸至制品浮起，内无含油为止。

特点

形似杏鲍菇，肥硕厚实（图15）。

45

鱿鱼酥

原料

精白面粉500克，莲蓉馅200克，熟猪油150克，温水100毫升，鸡蛋1个，黑芝麻10粒。

制法

1. 和面、起酥

参照"慈姑酥"中的做法。

2. 成型

先将莲蓉馅搓成竹笋形（图1）；放在置于保鲜膜上擀平的酥片上；包成锥形（图2～图4），沾上三角形面皮做成鱿鱼尾（图5），制成生坯（图6）。

3. 成熟

油锅上火，放入色拉油，当油温升至三四成热时，改小火后下入生坯。炸至酥层张开时，将油锅升温，待炸至制品浮起，内无含油为止。

特点

形似鱿鱼，生动活泼（图7）。

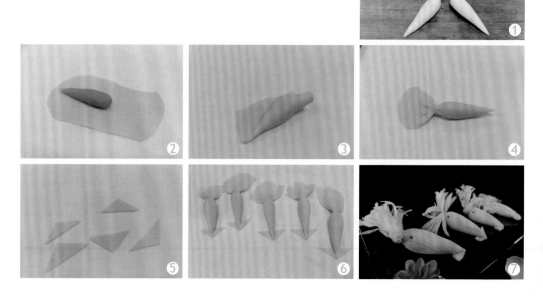

玉米酥

原料

精白面粉500克，莲蓉馅200克，熟猪油150克，温水100毫升，蛋清1个，绿、黄色蔬菜粉各适量。

制法

1. 和面、起酥

制作过程参见"丝瓜酥"中的做法。

2. 成型

先将莲蓉馅搓成水滴形（图1）；酥皮面切成三角形缺口的玉米皮（图2）。将切下的面块放在保鲜膜上擀成薄片，放上馅心（图3），顺着馅心的形状包成玉米形（图4），压上花纹（图5），包上玉米皮（图6、图7），制成生坯（图8）。

3. 成熟

油锅上火，放入色拉油，当油温升至三四成热时，改小火后下入生坯，炸至酥层张开时，将油锅升温，待炸至制品浮起，内无含油为止。

特点

形似玉米，酥层清晰（图9）。

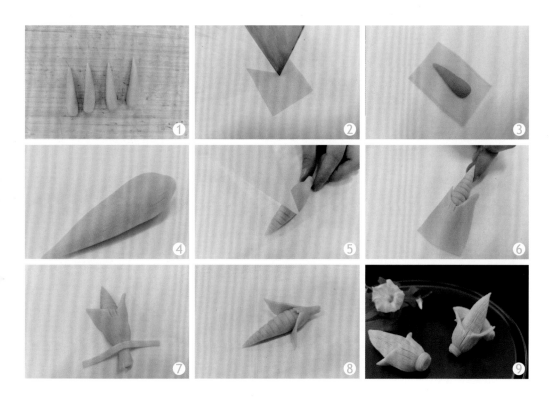

竹笋酥

原料

精白面粉500克，莲蓉馅100克，熟猪油150克，温水100毫升，鸡蛋1个。

制法

1. 和面、起酥

参照"慈姑酥"中的做法。

2. 成型

先将莲蓉馅搓成竹笋形（图1）；放在置于棉布上擀平的酥片上（图2）；包成竹笋形（图3）；另取一张酥皮（图4），切成三角形面片（图5），包裹在竹笋外层作笋衣（图6、图7），制成生坯（图8）。

3. 成熟

油锅上火，放入色拉油，当油温升至三四成热时，改小火后下入生坯，炸至酥层张开时，将油锅升温，待炸至制品浮起，内无含油为止。

特点

形似竹笋，生机勃勃（图9）。

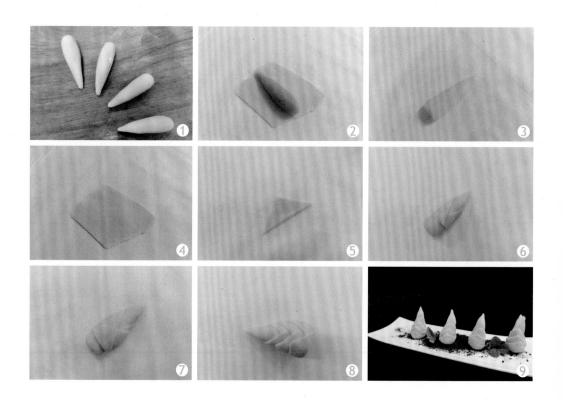

（二）膨松面团类

百褶包

原料

中筋面粉300克，酵母5克，泡打粉5克，白糖5克，温水160毫升，生肉馅200克。

制法

1. 和面

将面粉倒在案板上与泡打粉拌匀，中间扒一窝塘，放入酵母、白糖，再放入温水调成面团，揉匀揉透。用干净的湿布盖好饧发15分钟（图1）。

2. 成型

将发好的面团揉匀揉透，搓成长条（图2），摘成20个面剂（图3、图4），用手掌按扁，擀成直径8厘米、中间厚、周边薄的圆皮（图5）。包捏时左手掌托住皮子，掌心略凹，用馅挑上馅，馅心在皮子正中（图6）。左手将包皮平托于胸前，右手拇指和食指捏，自右向左依次捏出32个皱褶（图7），同时用右手的中指紧顶住拇指的边缘，从捏起的包子褶皱上缘，夹出一道包子的"嘴边"（图8）。每次捏褶子时，拇指与食指略微向外拉一拉，以使包子最后形成"颈项"（图9），最后收口成"鲫鱼嘴"即成生坯（图10），放入刷过油的蒸笼中，饧发10分钟。

3. 成熟

将装有生坯的蒸笼放在蒸锅上，蒸8分钟，待皮子不粘手、有光泽、按一下能弹回即可出笼装盘（图11）。

特点

色泽乳白，底部金黄，荸荠鼓形，饱满膨松（图12）。

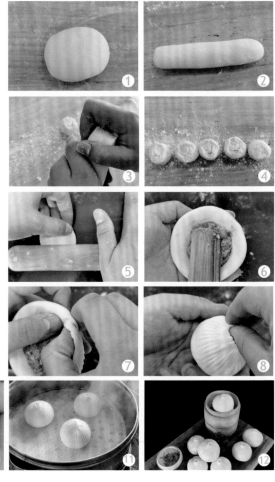

贝壳包

原料

中筋面粉300克，酵母5克，泡打粉5克，白糖5克，温水160毫升，莲蓉馅100克，浅绿蔬菜粉2克。

制法

1．和面

将面粉倒在案板上与泡打粉拌匀，中间扒一窝塘，放入酵母、白糖，再放入温水调成面团，揉匀揉透。用干净的湿布盖好饧发15分钟。

2．成型

将发好的面团揉匀揉透（图1），再将发酵好的面团分出一半加入浅绿蔬菜粉揉匀成浅绿色面团（图2）。分别将两种面团擀成薄片，修成大小一样的长方形（图3、图4），叠起（图5），卷成卷（图6）；用刀切成厚片（图7），再用擀面杖擀成片（图8、图9）；用刀排上浅纹（图10），再用筷子从中间夹起（图11～图13）。最后包入搓成球的莲蓉馅（图14），做成生坯（图15），装入蒸笼中。

3．成熟

将生坯静置8分钟，放在旺火蒸锅上，蒸8分钟，待皮子不粘手、有光泽、按一下能弹回即可出笼装盘。

特点

绿白相间，形似贝壳，饱满膨松（图16）。

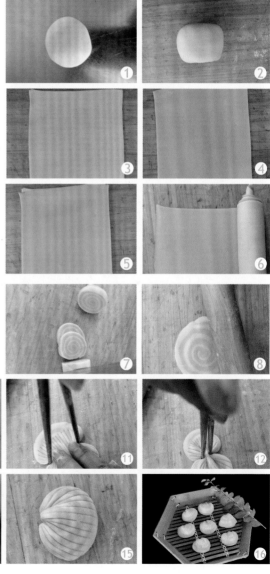

51

刺猬包

原料

中筋面粉300克，温水160毫升，酵母3克，泡打粉4克，白糖3克，莲蓉馅100克。

制法

1.和面

中筋面粉放案板上扒一小窝，加酵母、温水、泡打粉、白糖等调成发酵面团，饧制20分钟。

2.成型

将发好的面团揉匀揉光（图1），搓成长条（图2），摘成20只面剂（图3、图4），用手掌按扁，擀成直径4厘米、中间厚、周边薄的圆皮（图5）。包上圆形莲蓉馅，收口捏拢向下放（图6）。将坯子先搓成一头尖、一头粗的形状，尖头做刺猬头，圆头做尾部（图7、图8）。

左手托住包子，右手持小剪刀，从刺猬的身上从头部到尾部、从左边到右边依次剪出长刺来（图9、图10）。

在头前部嵌上两粒黑芝麻成为刺猬眼睛。用小剪刀在尖部横着剪一下，做嘴巴。再放入笼内再饧发5分钟（图11）。

3.成熟

将装有生坯的蒸笼放在蒸锅上，蒸6分钟，待皮子不粘手、有光泽、按一下能弹回即可出笼。

特点

色泽乳白，刺猬成型，膨松柔软，饱满光洁（图12）。

荷叶夹

原料

中筋面粉300克，酵母5克，泡打粉5克，
白糖5克，温水160毫升，芝麻油50克，
方腿末25克，葱花25克。

制法

1.和面

将面粉倒在案板上与泡打粉拌匀，中间
扒一窝，放入酵母、白糖，再放入温水
调成面团，揉匀揉透。用干净的湿布盖
好饧发15分钟。

2.成型

将发酵面揉匀（图1），搓成条（图2），
摘成剂子（图3、图4），逐只将剂子按
扁；用擀面杖擀成直径8厘米的圆皮
（图5），抹上麻油，撒上方腿末、葱花
（图6、图7），对折成半圆形（图8）。用
干净的细齿木梳在表面斜压着压出齿印
若干道（图9～图11），然后用左手的拇
指和食指捏住半圆皮的圆心处，用右手
拿塑料棒靠住弧线的顶端，向圆心方向
顺次挤压出凹形（图12），即成生坯
（图13）。

3.成熟

生坯放入刷上油的蒸笼上，先静置8分
钟，再蒸7分钟即可。

特点

色泽洁白，质地松软，光洁细腻，形如
荷叶（图14）。

53

葫芦包

原料

中筋面粉300克，温水160毫升，酵母3克，泡打粉4克，白糖3克，莲蓉馅100克，红色蔬菜粉1克。

制法

1. 和面

中筋面粉放案板上扒一小窝，加酵母、温水、泡打粉、白糖等调成发酵面团，饧制20分钟，取一小块面团加上红色蔬菜粉揉匀成红色面团备用。

2. 成型

将发好的面团揉匀揉光（图1），搓成长条（图2），摘成面剂（图3、图4），分别用手掌按扁擀平（图5），包上馅心（图6），搓成葫芦状（图7）；另将红色面团搓成细条，在葫芦包细颈处扎好，做成生坯（图8）。

3. 成熟

将生坯平放在笼内，再饧发6分钟。上旺火开水锅蒸8分钟左右即可。

特点

色泽洁白，葫芦形状，膨松柔软，饱满光洁（图9）。

蝴蝶卷

原料

中筋面粉300克，酵母5克，泡打粉5克，白糖5克，温水160毫升，方腿末50克，葱花50克，芝麻油50克。

制法

1. 和面

将面粉倒在案板上与泡打粉拌匀，中间扒一窝塘，放入酵母、白糖，再放入温水调成面团，揉匀揉透。用干净的湿布盖好，饧发15分钟。

2. 成型

将面团揉匀揉透（图1），搓成条（图2），压扁后用擀面杖擀成大面片，刷上芝麻油（图3），均匀撒上方腿末、葱花（图4），从一端向另一端卷起（图5），然后用刀切成厚片（图6），两片组合成一个完整的蝴蝶生坯（图7），整理一下蝴蝶的翅膀（图8），最后做成生坯，静置8～10分钟（图9）。

3. 成熟

将蝴蝶卷生坯放入蒸锅里大火蒸6分钟，装盘即可。

特点

色泽鲜艳，呈蝴蝶状，纹路清晰，膨松柔软（图10）。

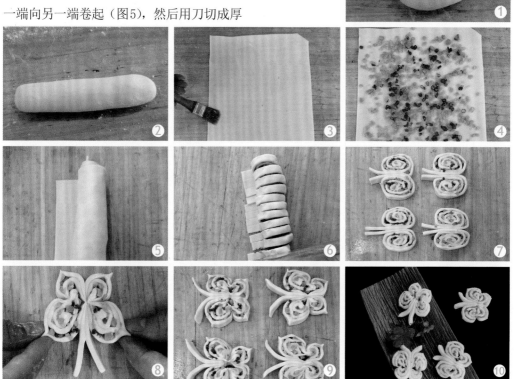

55

菊花卷

原料

中筋面粉300克，酵母5克，泡打粉5克，白糖5克，温水160毫升，方腿末35克，葱花35克，芝麻油50克。

制法

1. 和面

将面粉倒在案板上与泡打粉拌匀，中间扒一窝塘，放入酵母、白糖，再放入温水调成面团，揉匀揉透。用干净的湿布盖好，饧发15分钟。

2. 成型

将面团揉匀揉透（图1），搓成条（图2），

下剂（图3）。将每个剂子搓成细条，从两端盘起（图4），用筷子从上下两端夹起（图5），再从两个对角夹一下，做成生坯（图6）。静置10分钟。

3. 成熟

将菊花卷生坯放入蒸锅里大火蒸6分钟，装盘即可。

特点

色泽鲜艳，呈菊花状，纹路清晰，膨松柔软（图7）。

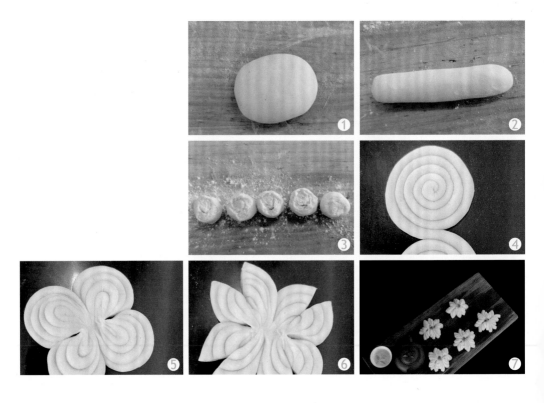

橘子包

原料

中筋面粉300克，温水160毫升，酵母3克，泡打粉4克，白糖3克，莲蓉馅100克，橙色蔬菜粉1克，绿色蔬菜粉0.2克。

制法

1. 和面

中筋面粉放案板上扒一小窝，加酵母、温水、泡打粉、白糖、橙色蔬菜粉等调成发酵面团，饧制20分钟。取少许面团加入绿色蔬菜粉揉匀成绿色面团备用。

2. 成型

将发好的面团揉匀揉光（图1），搓成长条，摘成面剂，分别用手掌按扁擀平（图2），包上馅心（图3），搓成圆球状（图4），用塑料棒尖部戳出橘子点纹（图5），配上绿色面团做成的绿叶，做成橘子生坯（图6）。

3. 成熟

将生坯平放在笼内，再饧发6分钟。上旺火开水锅蒸8分钟左右即可。

特点

色泽橙黄，橘子形状，膨松柔软，饱满光洁（图7）。

梨子包

原料

中筋面粉300克，温水160毫升，酵母3克，泡打粉4克，白糖3克，莲蓉馅100克，可可粉1克。

制法

1．和面

中筋面粉放案板上扒一小窝，加酵母、温水、泡打粉、白糖等调成发酵面团，饧制20分钟，取一点面团加入可可粉揉匀揉透，备用。

2．成型

将发好的面团揉匀揉光（图1），搓成长条（图2），摘成面剂（图3、图4），分别用手掌按扁擀平（图5），包上馅心（图6），搓成球状（图7）；捏成梨子形（图8）。用塑料棒在顶部戳个孔（图9），插上用可可色面团搓成的梨梗（图10），做成梨子生坯（图11）。

3．成熟

将生坯平放在笼内，再饧发6分钟。上旺火开水锅蒸8分钟左右即可。

特点

色泽洁白，梨子形状，膨松柔软，饱满光洁（图12）。

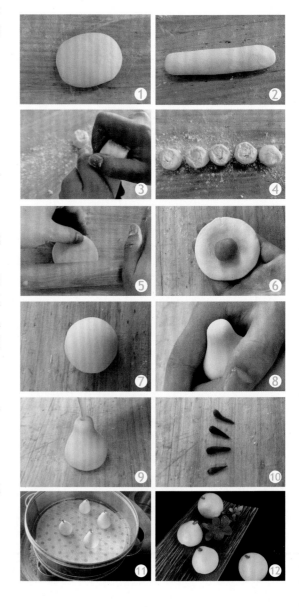

玫瑰花卷

原料

中筋面粉300克，温水160毫升，酵母3克，泡打粉4克，白糖3克，紫薯粉10克，吉士粉10克。

制法

1.和面

中筋面粉放案板上扒一小窝，加酵母、温水、泡打粉、白糖等调成发酵面团，饧制20分钟。将面团分成三份，其中两份分别加入紫薯粉和吉士粉揉匀揉透备用（图1～图3）。

2.成型

将发好的面团揉匀揉光，搓成长条，摘成面剂，分别用手掌按扁擀平（图4～图6）。将白色圆面片和紫色圆面片交替叠好（图7），从中间压上一个条纹（图8），从一端卷起（图9），中间拢紧（图10），再从中间切开（图11），变成两朵紫白相间的玫瑰花（图12）。依照同样方法做成两朵黄白相间的玫瑰花（图13）；最后做成生坯（图14）。

3.成熟

将生坯平放在笼内，再饧发6分钟。上旺火开水锅蒸8分钟左右即可。

特点

色泽鲜艳，玫瑰形状，膨松柔软，饱满光洁（图15）。

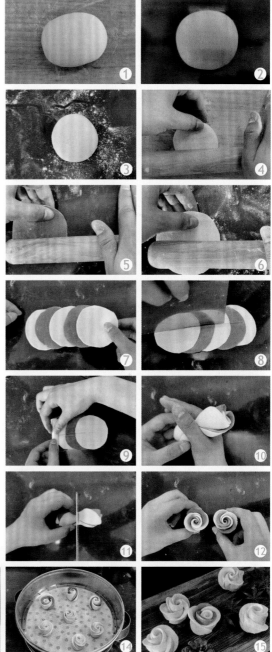

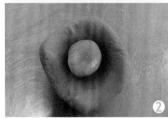

南瓜包

原料

中筋面粉300克，温水160毫升，酵母3克，泡打粉4克，白糖3克，莲蓉馅100克，橙色蔬菜粉1克，可可粉0.2克。

制法

1. 和面

中筋面粉放案板上扒一小窝，加酵母、温水、泡打粉、白糖、橙色蔬菜粉等调成发酵面团，饧制20分钟；取少许面团加上可可粉揉匀成可可色面团备用。

2. 成型

将发好的面团揉匀揉光（图1），搓成长条，摘成面剂，分别用手掌按扁擀平，包上馅心（图2），搓成扁圆球状，用塑料刀压上交叉纹（图3、图4），在顶部用塑料棒压一个小凹坑（图5），装上可可色面团制作的南瓜蒂（图6），做成生坯。

3. 成熟

将生坯平放在笼内，再饧发6分钟。上旺火开水锅蒸8分钟左右即可。

特点

色泽橙黄，南瓜形状，柔软光洁（图7）。

苹果包

原料

中筋面粉300克，温水160毫升，酵母3克，泡打粉4克，白糖3克，莲蓉馅100克，绿色蔬菜粉1克，可可粉0.2克。

制法

1. 和面

中筋面粉放案板上扒一小窝，加酵母、温水、泡打粉、白糖、绿色蔬菜粉等调成发酵面团，饧制20分钟；取少许面团加上可可粉揉匀成可可色面团，备用。

2. 成型

将发好的面团揉匀揉光（图1），搓成长条，摘成面剂，分别用手掌按扁擀平，包上馅心（图2），搓成扁圆球状。在顶部用塑料棒压一个小坑（图3、图4），装上可可色面团制作的苹果蒂（图5），做成生坯。

3. 成熟

将生坯平放在笼内，再饧发6分钟。上旺火开水锅蒸8分钟左右即可。晾凉后可以用牙刷沾上红色蔬菜粉液体洒上红色的散状点点。

特点

色泽微绿，苹果形状，柔软生动（图6）。

秋叶包

原料

中筋面粉300克，温水160毫升，酵母3克，泡打粉4克，白糖3克，莲蓉馅100克。

制法

1.和面

中筋面粉放案板上扒一小窝，加酵母、温水、泡打粉、白糖等调成发酵面团，饧制20分钟备用。

2.成型

将发好的面团揉匀揉光（图1），搓成长条（图2），摘成面剂（图3、图4），分别用手掌按扁擀平（图5），包上水滴形馅心（图6），顺势绞出花纹（图7、图8），做成生坯（图9）。

3.成熟

将生坯平放在笼内，再饧发6分钟。上旺火开水锅蒸8分钟左右即可。

特点

色泽洁白，秋叶成型（图10）。

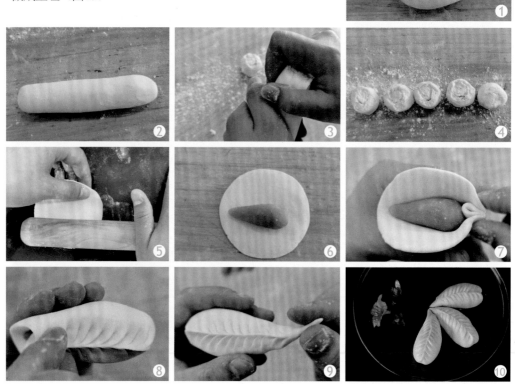

如意卷

原料

中筋面粉300克，酵母5克，泡打粉5克，白糖5克，温水160毫升，方腿末50克，葱花50克，芝麻油50克。

制法

1. 和面

将面粉倒在案板上与泡打粉拌匀，中间扒一窝塘，放入酵母、白糖，再放入温水调成面团，揉匀揉透。用干净的湿布盖好饧发15分钟。

2. 成型

将面团揉匀揉透（图1），搓成条（图2），压扁后用擀面杖擀成大面片，刷上芝麻油（图3），均匀撒上方腿末、葱花（图4），从两端向对向卷起（图5、图6），然后翻过来用刀切成厚片（图7），做成生坯，静置10分钟（图8）。

3. 成熟

将如意卷生坯放入蒸锅里大火蒸6分钟，装盘即可。

特点

色泽浅白，形呈如意，纹路清晰，膨松柔软（图9）。

三花包

原料

中筋面粉300克，温水160毫升，酵母3克，泡打粉4克，白糖3克，莲蓉馅100克，红色蔬菜粉0.1克，黄色蔬菜粉0.1克，绿色蔬菜粉0.1克。

制法

1.和面

中筋面粉放案板上扒一小窝，加酵母、温水、泡打粉、白糖等调成发酵面团，饧制20分钟。取其中50克面团分成三份，分别加入红色蔬菜粉、黄色蔬菜粉、绿色蔬菜粉揉匀成红色面团、黄色面团、绿色面团备用。

2.成型

将发好的面团揉匀揉光（图1），搓成长条（图2），摘成面剂（图3、图4），分别用手掌按扁擀平（图5），包上球形馅心（图6），顺势拢成球形（图7），做成球形生坯（图8）。将红色面团、黄色面团、绿色面团分别搓成粗条，斜切成细条，拼成小花饰（图9），将生坯装饰一下（图10）。

3.成熟

将生坯平放在笼内，再饧发6分钟。上旺火开水锅蒸8分钟，出笼后即可。

特点

色泽洁白，三花成型（图11）。

山竹包

原料

中筋面粉300克，温水160毫升，酵母3克，泡打粉4克，白糖3克，莲蓉馅100克，红曲粉0.1克，绿色蔬菜粉0.1克。

制法

1. 和面

中筋面粉放案板上扒一小窝，加酵母、温水、泡打粉、白糖等调成发酵面团（图1），饧制20分钟。取其中一半面团加上红曲粉揉匀成红色面团（图2），再取少量白色面团加上绿色蔬菜粉揉匀成绿色面团（图3）备用。

2. 成型

将发好的面团揉匀揉光，搓成长条（图4），摘成面剂（图5、图6），分别用手掌按扁擀平（图7），包上球形馅心，顺势拢成蒜瓣状，组合一颗整蒜头形（图8）。再用红色圆面片包住整蒜头（图9），逐个包成球形生坯（图10）。绿色面团用手捏成山竹的绿色果蒂（图11），在生坯顶部刷上蛋清，沾上绿色果蒂（图12），做成生坯（图13）。

3. 成熟

将生坯平放在笼内，再饧发6分钟。上旺火开水锅蒸8分钟，出笼后即可。

特点

色泽鲜艳，山竹形状，膨松柔软（图14）。

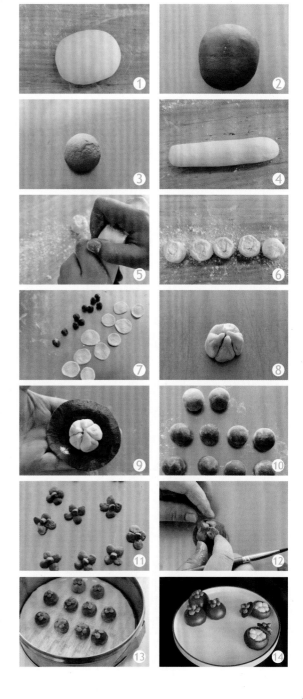

65

寿桃包

原料

中筋面粉300克，温水160毫升，酵母3克，泡打粉4克，白糖3克，莲蓉馅100克，绿色蔬菜粉0.1克。

制法

1. 和面

中筋面粉放案板上扒一小窝，加酵母、温水、泡打粉、白糖等调成发酵面团，饧制20分钟，取其中50克面团加入绿色蔬菜粉揉匀成绿色面团备用。

2. 成型

将发好的面团揉匀揉光（图1），搓成长条（图2），摘成面剂（图3、图4），分别用手掌按扁擀平（图5），包上球形馅心（图6），顺势拢成球形，用塑料刀压成一道桃纹（图7）；将绿色面团分别搓成细条，压扁后用梳子压上纹路，做成绿叶（图8），做成生坯（图9）。

3. 成熟

将生坯平放在笼内，再饧发6分钟。上旺火开水锅蒸8分钟，出笼后即可。

特点

色泽洁白，形似寿桃（图10）。

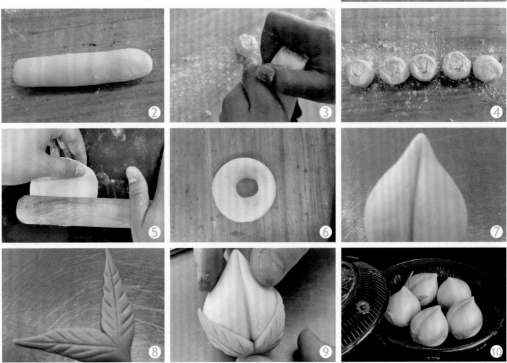

四喜卷

原料

中筋面粉300克，酵母5克，泡打粉5克，白糖5克，温水160毫升，方腿末50克，葱花50克，芝麻油50克。

制法

1. 和面

将面粉倒在案板上与泡打粉拌匀，中间扒一窝塘，放入酵母、白糖，再放入温水调成面团，揉匀揉透。用干净的湿布盖好饧发15分钟。

2. 成型

将面团揉匀揉透（图1），搓成条（图2），压扁后用擀面杖擀成大面片，刷上芝麻油（图3），均匀撒上方腿末、葱花（图4），从两端向对向卷起（图5、图6），然后翻过来用刀切成3/4厚度不断，第二刀切到底切断（图7～图9），做成生坯，静置10分钟（图10）。

3. 成熟

将四喜卷生坯放入蒸锅里大火蒸6分钟，装盘即可。

特点

色泽浅白，纹路清晰，膨松柔软（图11）。

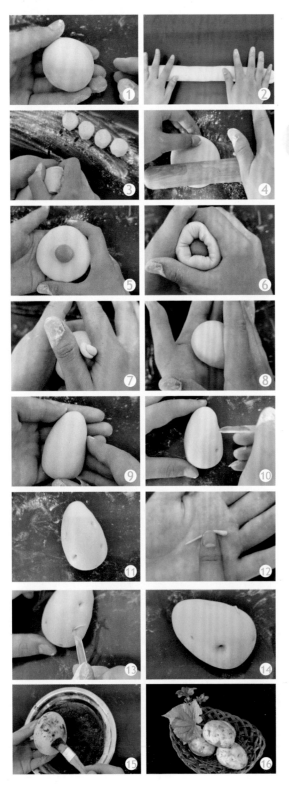

土豆包

原料

中筋面粉300克，温水160毫升，酵母3克，泡打粉4克，白糖3克，莲蓉馅100克，橙色蔬菜粉0.1克，吉士粉10克，可可粉3克，干淀粉1克。

制法

1. 和面

中筋面粉放案板上扒一小窝，加酵母、温水、泡打粉、白糖、橙色蔬菜粉、吉士粉等调成发酵面团，饧制20分钟。

2. 成型

将发好的面团揉匀揉光（图1），搓成长条（图2），摘成面剂（图3），分别用手掌按扁擀平（图4），包上球形馅心（图5），顺势包拢（图6），掐去尖部（图7），再整成土豆形（图8、图9），用玻璃棒的尖部戳上几个孔（图10、图11），再用少许面团搓成细条，做成土豆芽（图12、图13），制成生坯（图14）。

3. 成熟

将生坯平放在笼内，再饧发6分钟。上旺火开水锅蒸8分钟。出笼后用笔刷上可可粉和干淀粉的混合粉（图15），装盘即可。

特点

色泽土黄，形似土豆（图16）。

兔子包

原料

中筋面粉300克，温水160毫升，酵母3克，泡打粉4克，白糖3克，莲蓉馅100克，黑芝麻适量。

制法

1.和面

中筋面粉放案板上扒一小窝，加酵母、温水、泡打粉、白糖等调成发酵面团，饧制20分钟，备用。

2.成型

将发好的面团揉匀揉光（图1），搓成长条（图2），摘成面剂（图3、图4），分别用手掌按扁擀平（图5），包上球形馅心（图6），顺势拢成水滴形（图7～图9），搓匀搓光（图10、图11），剪出耳朵（图12），剪出兔脚（图13），安上眼睛（图14），最后剪出兔尾巴（图15），制成兔子生坯（图16）。

3.成熟

将生坯平放在笼内，再饧发6分钟。上旺火开水锅蒸8分钟，出笼后即可。

特点

色泽洁白，形似小兔（图17）。

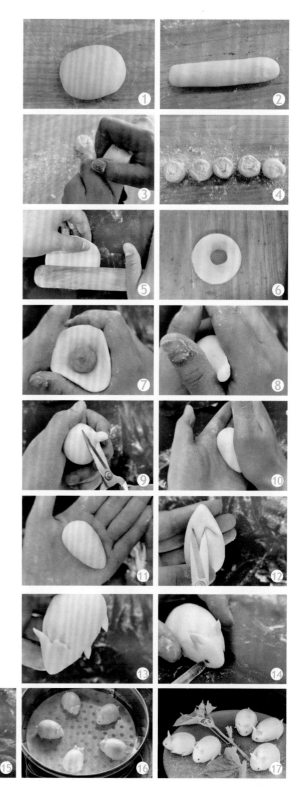

香菇包

原料

中筋面粉300克，温水160毫升，酵母3克，泡打粉4克，白糖3克，莲蓉馅100克，可可粉3克。

制法

1．和面

中筋面粉放案板上扒一小窝，加酵母、温水、泡打粉、白糖等调成发酵面团，饧制20分钟，备用。

2．成型

将发好的面团揉匀揉光（图1），搓成长条（图2），摘成面剂（图3、图4），分别用手掌按扁擀平（图5），包上球形馅心（图6），顺势拢成球形（图7），再压扁（图8），刷上可可粉溶液（图9），做成香菇盖生坯（图10）。

同时取少许面团搓成条，切成段（图11），搓成一头粗一头细的条（图12、图13）。

3．成熟

将香菇盖生坯平放在笼内，再饧发6分钟（图14）。上旺火开水锅蒸熟。同时将香菇柄生坯也平放在笼内，饧发6分钟（图15）。上旺火开水锅蒸熟。最后，将香菇盖底部戳个小洞，插上蒸好的香菇柄后（图16）装盘。

特点

色泽浅褐，形似香菇（图17）。

小猪包

原料

中筋面粉300克，温水160毫升，酵母3克，泡打粉4克，白糖3克，莲蓉馅100克，黄色蔬菜粉3克，黑芝麻1克。

制法

1. 和面

中筋面粉放案板上扒一小窝，加酵母、温水、泡打粉、白糖等调成发酵面团，饧制20分钟，取其中50克面团加上黄色蔬菜粉揉匀成黄色面团备用。

2. 成型

将发好的面团揉匀揉光（图1），搓成长条（图2），摘成面剂（图3、图4），分别用手掌按扁擀平（图5），包上球形馅心（图6），顺势拢成圆球形（图7～图9）。

另取黄色面团（图10），用擀面杖擀薄（图11），用刀切成扁片（图12），再切成小三角形（图13）作耳朵用；取一个小小面团做成猪嘴（图14）。装上耳朵、猪嘴，沾上黑芝麻做眼睛，做成生坯（图15、图16）。

3. 成熟

将生坯平放在笼内，再饧发6分钟（图17）。上旺火开水锅蒸8分钟，出笼后即可。

特点

色泽洁白，形似小猪（图18）。

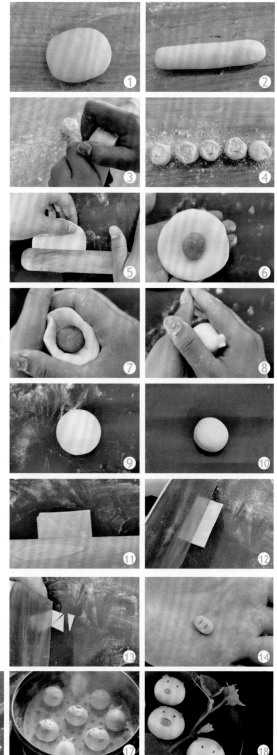

猪爪卷

原料

中筋面粉300克，酵母5克，泡打粉5克，白糖5克，温水160毫升，方腿末50克，葱花50克，芝麻油50克。

制法

1．和面

将面粉倒在案板上与泡打粉拌匀，中间扒一窝塘，放入酵母、白糖，再放入温水调成面团，揉匀揉透。用干净的湿布盖好饧发15分钟。

2．成型

将面团揉匀揉透（图1），搓成条（图2），下剂（图3），擀成圆皮刷上芝麻油（图4），抹上方腿末、葱花（图5），对折后刷上芝麻油（图6），再抹上方腿末、葱花（图7），对折后压扁（图8），在顶部切个口（图9），翻过去对折捏紧，压上花纹即为生坯（图10）。

3 成熟。

将猪爪卷生坯放入蒸锅里大火蒸6分钟，装盘即可。

特点

色泽浅白，形似猪爪，纹路清晰，膨松柔软（图11）。

紫薯包

原料

中筋面粉300克，温水160毫升，酵母3克，泡打粉4克，白糖3克，莲蓉馅100克，紫薯粉25克，可可粉50克，干淀粉10克。

制法

1.和面

中筋面粉放案板上扒一小窝，加酵母、温水、泡打粉、白糖、紫薯粉等调成发酵面团，饧制20分钟。

2.成型

将发好的面团揉匀揉光（图1），搓成长条（图2），摘成面剂（图3、图4），分别用手掌按扁擀平（图5），包上球形馅心（图6），顺势包拢（图7），剪去尖部（图8、图9），再整成紫薯形（图10），用玻璃棒的尖部戳上几个横纹和几个孔（图11），再用少许面团搓成细条，做成紫薯芽（图12、图13），制成生坯（图14）。

3.成熟

将生坯平放在笼内，再饧发6分钟（图15）。上旺火开水锅蒸8分钟左右。出笼后用笔刷上可可粉和干淀粉的潮湿混合粉（图16），装盘即可。

特点

色泽浅紫，形似紫薯（图17）。

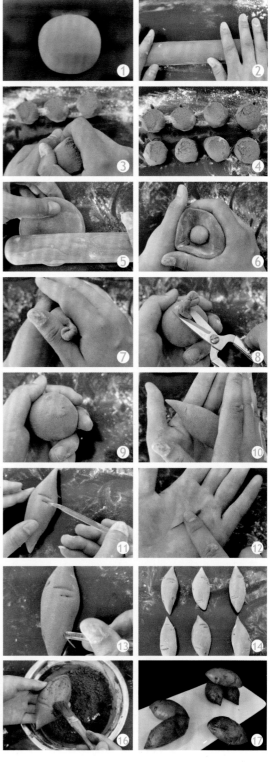

（三）水调面团类

四喜饺

原料

精白面粉300克，鲜猪肉300克，温水200克，酱油80克，白糖10克，绍酒10克，精盐5克，味精2克，胡椒粉2克，葱10克，生姜5克，青菜末100克，蛋黄末100克，香菇末100克，蛋白末100克，胡萝卜末100克，虾籽2克。

制法

1. 和面
面粉倒于案板上，中间开窝，倒入温水200克（图1）。

2. 揉面
将面粉和温水拌匀，搅成雪花面（图2）；然后继续将面揉匀揉光（图3）。

3. 饧面
将揉好的面团盖上保鲜膜，饧制15分钟（图4）。

4. 搓条
将饧好的面团，揉匀后搓成长条（图5）。

5. 下剂
将搓成长条的面团，用手摘成小剂子（图6）。

6. 制皮
将面团用手揿扁，用擀面杖擀成直径约8厘米的圆皮（图7）。

7. 制馅
鲜猪肉剁成泥，加入酱油、白糖、绍酒、精盐、虾籽、胡椒粉、葱和姜末，拌匀，再逐渐加水并顺一个方向搅拌上劲，成为猪肉馅（图8）。

8. 成型
将圆皮对折出"十"字印痕（图9）；左手托起皮子，上入馅心（图10），将圆皮分成四等份并向上拢起，中间用蛋清使之粘牢，使其成4个大孔（图11）。将两个孔相邻的两边距中心1厘米处使之相连并捏紧，成4个小洞（图12）。将4个大孔的顶端用手捏出尖头，使饺子表面成正方形（图13、图14）。

9. 成熟

将四喜饺生坯上笼，旺火沸水蒸10分钟即熟。

10. 填装

在四个小孔中填入蛋黄末（图15），并在4个大孔内分别放入蛋白末、青菜末、香菇末、胡萝卜末（图16～图19）。

特点

色彩鲜艳，造型匀称、美观，是常用宴席点心之一（图20）。

白菜饺

原料

中筋面粉300克，温水150毫升，猪肉馅100克，绿色蔬菜粉5克。

制法

1. 和面

中筋面粉倒上案板（图1），扒一个小窝，用温水调成雪花状（图2），揉和成团（图3、图4）。取2/3白色面团加上绿色蔬菜粉揉匀成绿色面团（图5），分别盖上湿布，饧制15～20分钟。

2. 成型

将绿色面团揉光搓成条（图6），摘成15只小剂（图7）。同时将白色面团揉光搓成条（图8），摘成15只小剂（图9）。

将绿色面剂擀成皮（图10），上面放上压扁的白色面剂（图11），再擀成面皮（图12），将面皮翻个面上面放上猪肉馅（图13）。

将圆面皮按五等份向上向中间捏拢成5个眼，再将5个眼捏紧成5条边（图14～图16）。每条边用手由里向外、由上向下逐条边推出波浪形花纹，把每条边的下端提上来，用水粘在邻近的一片菜叶的边上（图17～图19），即成白菜饺生坯（图20）。

3. 成熟

将生坯上笼蒸8分钟即可。

特点

绿色盈盈，形似白菜，纹路清晰，皮薄味鲜（图21）。

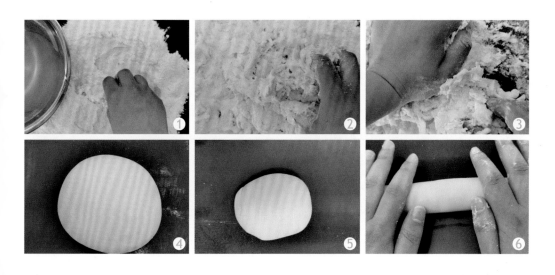

对叶饺

原料

中筋面粉300克，温水150毫升，猪肉馅
100克，绿色蔬菜粉5克。

制法

1. 和面

参照"白菜饺"的做法。

2. 成型

将绿色面团揉光搓成条（图1），摘成15只
小剂（图2），同时将白色面团揉光搓成条
（图3），摘成15只小剂（图4）。

将绿色面剂擀成皮（图5），上面放上压扁
的白色面剂（图6），再擀成面皮（图7），
将面皮翻个面上面放上猪肉馅（图8）。

将圆面皮按四等份向上向中间捏拢成4个
眼，再将4个眼捏紧成4条边（图9、图
10）。每条边用手由里向外、由上向下逐条
边推出波浪形花纹，把每条边的下端提上
来，用水粘在邻近的一片菜叶的边上
（图11～图13），即成对叶饺生坯（图14）。

3. 成熟

将生坯上笼蒸8分钟即可。

特点

色泽浅绿，形似青菜，纹路清晰，皮薄肉
鲜（图15）。

79

飞轮饺

原料

中筋面粉300克，温水150毫升，猪肉馅100克，熟火腿末15克，蛋白末15克。

制法

1. 和面

和面方法参照"白菜饺"的做法。

2. 成型

将面团揉光搓成条（图1），摘成30只小剂（图2），逐只按扁擀成直径8厘米的圆皮。在圆皮的中间放入馅心（图3），将皮子四周按对称两大两小的等份向上向中心捏起，粘牢，形成对称的两个大孔和两个小孔（图4）。将相对的两个大孔和两个小孔捏拢成四条边（图5），两个小边圈成小孔（图6、图7）。然后两条大边自上而下地用剪刀剪出波浪形的花边，再将两条花边沿顺时针方向旋转，以增加动感，即成飞轮饺子生坯（图8、图9）。

3. 成熟

将生坯放入笼内蒸8分钟即可。

4. 装饰

出笼后在两个小孔里分别放入熟火腿末和蛋白末点缀后装盘。

特点

形似飞轮，皮薄味鲜，动感较强（图10）。

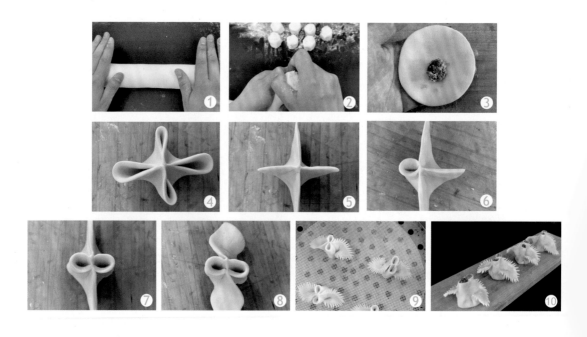

"凤凰饺"

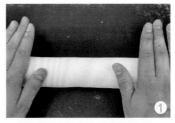

原料

中筋面粉300克，温水150毫升，猪肉馅100克，黑芝麻适量。

制法

1.和面

和面方法参照"白菜饺"的做法。

2.成型

将面团揉光搓成条（图1），摘成30只小剂（图2），逐只按扁擀成直径8厘米的圆皮。将圆皮三折（图3），再翻面放上馅心（图4），将三个角往中间拢起，边缘捏紧（图5），把叠起的边翻过来（图6），小孔捏尖做成凤凰头（图7），三条边搓成波浪形的花边（图8），沾上黑芝麻作为眼睛，做成生坯（图9）。

3.成熟

将生坯放入笼内蒸8分钟即可。

特点

色泽浅白，形似凤凰，皮薄肉鲜（图10）。

81

鸽子饺

原料

中筋面粉300克，温水150毫升，猪肉馅100克，黑芝麻适量。

制法

1. 和面

和面方法参照"白菜饺"的做法。

2. 成型

将面团揉光搓成条（图1），摘成30只小剂（图2），逐只按扁擀成直径8厘米的圆皮，放上猪肉馅（图3）。将肉馅包成两个大角、三个小角（图4），五个边捏紧（图5）。用一个长边用剪刀剪出多余的部分（图6），捏成鸽子头（图7），翅膀捏薄（图8），再用花钳夹出花纹，装上黑芝麻点缀成眼睛，做成生坯（图9）。

3. 成熟。

将生坯放入笼内蒸8分钟即可。

特点

形似白鸽，皮薄肉鲜（图10）。

冠顶饺

配方

中筋面粉300克，温水150毫升，猪肉馅100克，红樱桃2颗。

制法

1. 和面

和面方法参照"白菜饺"的做法。

2. 成型

将面团揉光搓成条（图1），摘成小剂（图2），逐只按扁擀成直径8厘米的圆皮（图3）。

将圆皮分成三等份折起呈三角形（图4～图6），将面皮翻个面，放上馅心（图7），先将两个角捏拢，边缘捏紧（图8、图9），其他的两个边也一样捏紧（图10）。将三个边用手指交替推出波浪形的花边（图11），然后将下面的边翻过来（图12），做成生坯（图13）。

3. 成熟

将生坯放入笼内蒸8分钟即可。

4. 装饰

出笼后在冠顶的部位放上红樱桃片点缀后装盘。

特点

色彩鲜艳，形似冠顶，皮薄味鲜（图14）。

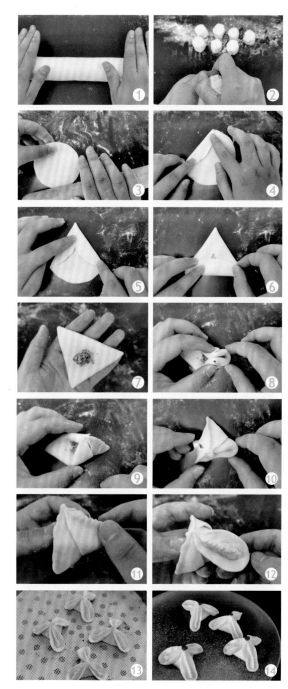

蝴蝶饺

原料

中筋面粉300克，温水150毫升，猪肉馅100克，胡萝卜末15克。

制法

1.和面

和面方法参照"白菜饺"的做法。

2.成型

将面团揉光搓成条（图1），摘成小剂（图2），逐只按扁擀成直径8厘米的圆皮（图3）。

在圆皮上放上馅心（图4），双手配合将圆皮拢起，捏成两小、两大、两中六个孔（图5）。两个小孔留着做眼睛，两个大孔和两个中孔分别捏紧（图6）。将大边用拇指与食指搓成波浪纹，顺势弯过来捏紧（图7），做蝴蝶的大翅膀，再将其余的三个边搓成波浪纹，顺势弯过来捏紧（图8、图9），做成生坯（图10）。

3.成熟

将生坯放入笼内蒸8分钟即可。

4.装饰

出笼后在蝴蝶的翅膀部位放上胡萝卜末点缀后装盘。

特点

色彩鲜艳，形似蝴蝶，皮薄味鲜（图11）。

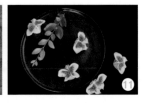

金鱼饺

原料

中筋面粉300克，温水150毫升，猪肉馅100克，胡萝卜粒15克。

制法

1.和面

和面方法参照"白菜饺"的做法。

2.成型

将面团揉光搓成条（图1），摘成小剂（图2），逐只按扁擀成直径8厘米的圆皮（图3）。

在圆皮上放上馅心（图4），将面皮从两边斜折，留一大一小两个孔（图5），小孔处用镊子夹出三个小孔，中间的一个孔做嘴，两个小孔做眼睛（图6）。大孔处打开捏出金鱼的细腰（图7），再将尾巴处压平擀平（图8），用刮刀排出细纹（图9、图10），用剪刀剪出四条鱼尾（图11），在鱼脊背处用手指推出波浪纹（图12）。用金属管在鱼身上刻出鱼鳞（图13），鱼尾弯起，做成金鱼生坯（图14）。

3.成熟

将生坯放入笼内蒸8分钟即可。

4.装饰。

出笼后在金鱼的眼睛处放上胡萝卜末点缀后装盘。

特点

形似金鱼，皮薄肉鲜（图15）。

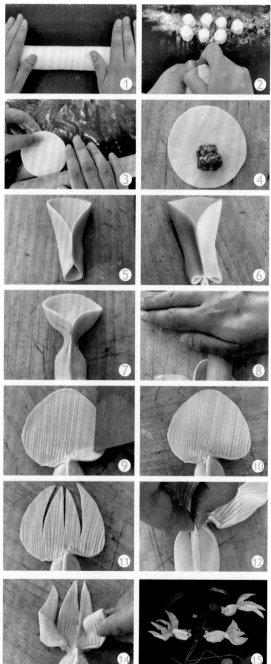

兰花饺

原料

中筋面粉300克，温水150毫升，猪肉馅100克，绿色蔬菜粉5克。

制法

1. 和面

和面方法参照"白菜饺"的做法，在和好的白色面团中加入绿色蔬菜粉，揉匀成绿色面团（图1）。

2. 成型

将面团揉光搓成条（图2），摘成小剂（图3），逐只按扁擀成直径8厘米的圆皮。在圆皮上放上馅心（图4），顺势拢起成四个均匀的大孔（图5），将孔的边缘捏紧（图6）。在每条边用剪刀剪出两条面穗（图7），然后将面穗交叉放置（图8），将四个角顺一个方向扭扁（图9），再用剪刀在每个扁边剪出齿轮纹（图10），即成生坯（图11）。

3. 成熟

将生坯放入笼内蒸8分钟。

特点

色彩浅绿，形似兰花，皮薄肉鲜（图12）。

"六角连环饺"

原料

中筋面粉300克，温水150毫升，猪肉馅100克。

制法

1.和面

和面方法参照"白菜饺"的做法。

2.成型

将面团揉光搓成条（图1），摘成小剂（图2），逐只按扁擀成直径8厘米的圆皮（图3）。

将圆皮上馅（图4），将面皮分成六等份拢起，边缘捏紧（图5），将每一条边用剪刀剪出三条面穗（图6、图7）。把每条边最上面的一根面穗向中心点弯起压紧，再将每条边的两根面穗向左右方向交叉放置，用镊子夹一下使之呈交叉网状（图8、图9），将下面边缘再次捏紧（图10），用剪刀剪出齿轮纹，做成生坯（图11）。

3.成熟

将生坯放入笼内蒸8分钟。

4.装饰

出笼后在饺子的顶部放上胡萝卜末点缀后装盘，也可以不点缀。

特点

色彩浅白，形似六角，连环成型（图12）。

87

梅花饺

原料

中筋面粉300克，温水150毫升，猪肉馅100克，熟蛋黄末15克，熟方腿末10克。

制法

1．和面

和面方法参照"白菜饺"的做法。

2．成型

将面团揉光搓成条（图1），摘成小剂（图2），逐只按扁擀成直径8厘米的圆皮（图3）。

将圆面皮上放上馅心（图4），再将面皮分为五等份（图5、图6），中心捏紧；然后用筷子沿中心夹出五个小孔（图7），做成生坯（图8、图9）。

3．成熟

将生坯放入笼内蒸8分钟。

4．装饰

出笼后在五个大孔、五个小孔里放上熟蛋黄末、熟方腿末点缀后装盘。

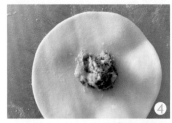

特点

色彩鲜艳，形似梅花，皮薄味鲜（图10）。

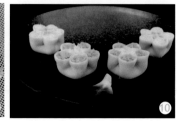

蜻蜓饺

原料

中筋面粉300克，温水150毫升，猪肉馅100克，黑芝麻5克。

制法

1. 和面

和面方法参照"白菜饺"的做法。

2. 成型

将面团揉光搓成条（图1），摘成小剂（图2），逐只按扁擀成直径8厘米的圆皮（图3）。

将圆面皮边缘用食指与大拇指推出小波浪纹（图4），上面放上馅心（图5），在边缘一端捏出小孔做头部（图6），然后对称地圈出两个稍大一点的孔做一组翅膀（图7），继续用同样方法对称地圈出两个稍大一点的孔做另一组翅膀（图8），余下的一个孔做身体。将空的底边剪个小口，再将两边绞上花纹（图9、图10），最后将头部小孔向里推，做成两个小孔，点缀黑芝麻做眼睛，制成生坯（图11）。

3. 成熟

将生坯放入笼内蒸8分钟。

特点

形似蜻蜓，皮薄肉鲜（图12）。

89

桃饺

原料

中筋面粉300克，温水150毫升，猪肉馅
100克，熟胡萝卜末10克，熟西兰花末5克。

制法

1. 和面

和面方法参照"白菜饺"的做法。

2. 成型

将面团揉光搓成条（图1），摘成小剂
（图2），逐只按扁擀成直径8厘米的圆皮
（图3）。

将圆面皮上放上馅心（图4），将面皮拢
起，分为一个大孔，两个中孔，一个微
孔（图5），将两个中孔，一个微孔捏拢
成为三条边（图6），把两个中边用大拇
指和食指配合推出波浪纹，圈成桃叶
（图7～图9），做成生坯（图10）。

3. 成熟

将生坯放入笼内蒸8分钟。

4. 装饰

将大孔处填上熟胡萝卜末，叶子孔洞填
上熟西兰花末装饰即可。

特点

色彩鲜艳，形似桃子，皮薄肉鲜（图11）。

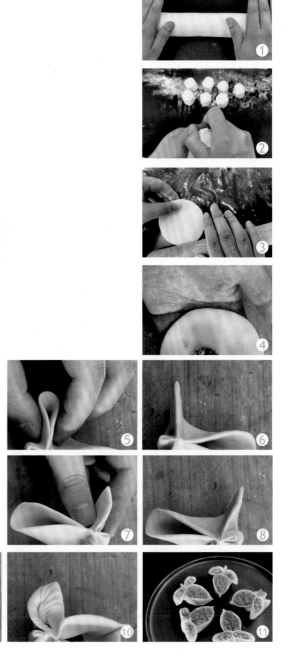

五峰饺

原料

中筋面粉300克，温水150毫升，猪肉馅100克，熟胡萝卜末15克，熟黑木耳末10克，熟蛋白末10克，香菜末10克，心里美萝卜末10克。

制法

1.和面

和面方法参照"白菜饺"的做法。

2.成型

将面团揉光搓成条（图1），摘成小剂（图2），逐只按扁擀成直径8厘米的圆面皮（图3）。

将圆面皮上放上馅心（图4），再将面皮分为五等份（图5、图6），中心捏紧；然后用筷子沿中心夹出五个小孔（图7、图8），将圆孔捏尖（图9），做成生坯（图10）。

3.成熟

将生坯放入笼内蒸8分钟。

4.装饰

出笼后在五个大孔里放上熟胡萝卜末、熟黑木耳末、熟蛋白末、香菜末、心里美萝卜末点缀后装盘。

特点

色彩鲜艳，形似五峰，口味鲜美（图11）。

燕子饺

原料

中筋面粉300克，温水150毫升，猪肉馅100克，熟胡萝卜末15克，熟黑木耳末适量。

制法

1. 和面

和面方法参照"白菜饺"的做法。

2. 成型

将面团揉光搓成条（图1），摘成小剂（图2），逐只按扁擀成直径8厘米的圆面皮（图3）。

将圆面皮边缘用食指与大拇指推出小波浪纹（图4），上面放上馅心（图5），顺势拢起将面皮分为四等份（图6），将其中一个孔向里推，形成两个小孔，捏尖边缘，做成燕子剪刀状尾翼（图7），头部的小孔捏出燕子嘴尖，做成生坯（图8）。

3. 成熟

将生坯放入笼内蒸8分钟。

4. 装饰

将燕子的头部填上熟胡萝卜末，点缀熟黑木耳做眼睛，燕子尾部填上熟黑木耳末，装盘。

特点

色彩浅白，形似燕子，栩栩如生（图9）。

一品饺

原料

中筋面粉300克，温水150毫升，猪肉馅100克，熟胡萝卜末10克，熟黑木耳末10克，心里美萝卜末10克。

制法

1. 和面

和面方法参照"白菜饺"的做法。

2. 成型

将面团揉光搓成条（图1），摘成小剂（图2），逐只按扁擀成直径8厘米的圆面皮（图3）。

将圆面皮上放上馅心（图4），再将面皮分为三等份（图5），相邻的边捏紧，做成生坯（图6、图7）。

3. 成熟

将生坯放入笼内蒸8分钟。

4. 装饰

出笼后在三个大孔分别填上熟胡萝卜末、熟黑木耳末、心里美萝卜末点缀后装盘。

特点

色彩鲜艳，形似品字，皮薄味鲜（图8）。

93

鸳鸯饺

原料

中筋面粉300克，温水150毫升，猪肉馅100克，熟胡萝卜末10克，熟蛋白末10克。

制法

1. 和面

和面方法参照"白菜饺"的做法。

2. 成型

将面团揉光搓成条（图1），摘成小剂（图2），逐只按扁擀成直径8厘米的圆面皮（图3）。

将圆面皮上放上馅心（图4），用两个手指轻轻夹起（图5），用两个手指向中间推，形成两个对称的孔（图6），再将孔的边缘捏紧（图7），做成生坯（图8）。

3. 成熟

将生坯放入笼内蒸8分钟。

4. 装饰

出笼后在两个大孔分别填上熟胡萝卜末、熟蛋白末点缀后装盘。

特点

色彩鲜艳，形似鸳鸯，皮薄味鲜（图9）。

月牙饺

原料

精白面粉500克，鲜猪肉泥400克，温水200克，酱油50克，精盐10克，虾籽2克，胡椒粉2克，味精2克，白糖15克，绍酒10克，大葱10克，生姜5克。

制法

1. 和面

面粉倒于案板上，中间开窝，倒入温水200克（图1）。

2. 揉面

将面粉和温水拌匀，搅成雪花面（图2）；然后继续将面揉匀揉光（图3）。

3. 饧面

将揉好的面团盖上保鲜膜，饧制15分钟（图4）。

4. 搓条

将饧好的面团，揉匀后搓成长条（图5）。

5. 下剂

将搓成长条的面团，用手摘成小剂子（图6）。

6. 制皮

将面团用手揿扁，用擀面杖擀成直径约8厘米的圆面皮（图7）。

7. 制馅

鲜猪肉剁成泥，加入酱油、白糖、精盐、味精、虾籽、胡椒粉、大葱和姜末，拌匀，再逐渐加水并顺一个方向搅拌上劲，成为猪肉馅（图8）。

8. 成型

左手托起皮子，中间放上馅心（图9），将馅心部位连皮子转至左手大拇指与食指之间，左手拇指伸直托住皮子，食指顺长围住皮子，用右手的食指和拇指将皮子同样捏出皱褶，并用手整形使之两角不上翘，紧贴桌面，且皱褶大小要一致做成生坯（图10、图11）。

9. 成熟

生坯上笼，旺火沸水蒸12分钟。

特点

此造型形似月牙，故名月牙蒸饺（图12）。

"知了饺"

原料

中筋面粉300克，温水150毫升，猪肉馅
100克，胡萝卜粒5克。

制法

1. 和面

和面方法参照"白菜饺"的做法。

2. 成型

将面团揉光搓成条（图1），摘成小剂（图
2、图3），逐只按扁擀成直径8厘米的圆面
皮（图4）。

将面皮两边沿1/3处对折（图5、图6），然
后把面皮翻过来放上馅心（图7），再将尖
部与两个角捏合在一起（图8），边缘捏平
（图9），用大拇指和食指推出细波浪纹
（图10、图11），再将反面的面皮翻过来
（图12、图13）。最后，将余下唯一小孔用
手指捏住向里推，捏紧（图14、图15），做
成生坯（图16、图17）。

3. 成熟

将生坯放入笼内蒸8分钟。

4. 装饰

出笼后在眼睛的部位放上胡萝卜粒点缀后
装盘。

特点

色彩浅白，形似知了，皮薄味鲜（图18）。

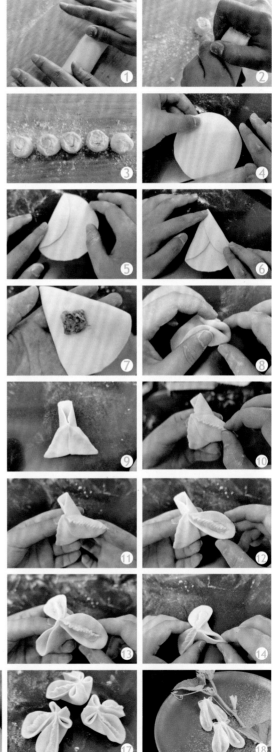

（四）米粉面团类

白鹅

原料

水磨糯米粉50克，水磨粳米粉200克，热水180毫升，色拉油10克，黑芝麻16粒，红色蔬菜粉10克。

制法

1. 和面

将糯米粉、粳米粉放入面盆内拌和，加热水调制成松散粉团（图1），用筷子搅成雪花状粉团（图2），倒在案板上用手来回搓（图3），搓成粉团（图4）。

取三分之一上笼蒸熟（图5），与剩余的2/3粉团放在一起（图6），搓成粉团（图7、图8）。将其中少许白色粉团加上红色蔬菜粉揉成红色粉团。

2. 成型

另取少许白色粉团搓长捏出长鹅颈，另一端为长椭圆形身体（图9），向上弯起，做成鹅头，放一点红色粉团做鹅冠（雄性鹅鹅头上加上冠，雌性鹅鹅头上不用加）（图10），用有机玻璃刮刀按压出鹅嘴（图11），整理一下鹅身体（图12），将鹅尾部按扁，用手指推出波浪纹，翘起做鹅尾（图13）。

用有机玻璃刮刀在鹅身体侧面勾画出大翅膀轮廓（图14），用鹅毛管戳出小羽毛（图15），再用有机玻璃刮刀压划出大羽毛（图16），最后用剪刀将大羽毛剪出（图17）。在鹅头两边戳两个小窝，点上黑芝麻做眼睛（图18、图19）。

3. 成熟

将生坯上笼，旺火沸水蒸制5分钟，晾凉后刷上色拉油即可。

特点

色彩协调，形态逼真，工艺精细，造型别致（图20）。

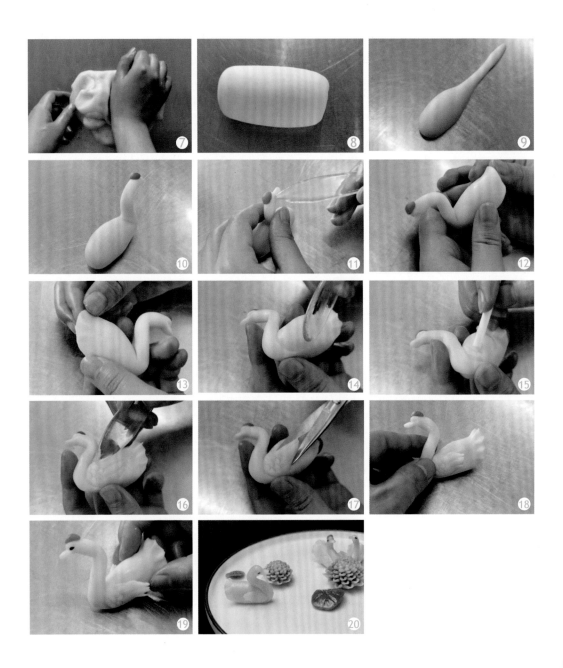

"白萝卜"

原料

水磨糯米粉50克，水磨粳米粉200克，热水180毫升，色拉油10克，绿色蔬菜粉10克。

制法

1. 和面

和面过程参照"白鹅"的和面方法，揉成白色粉团（图1）。将其中少许白色粉团加上绿色蔬菜粉揉成绿色粉团（图2）。

2. 成型

取少许白色粉团搓成上圆下尖的形状（图3），呈萝卜状（图4），再用牙签装上萝卜须（图5）。将绿色面团搓成短细条（图6），在萝卜的顶部用牙签戳个孔（图7），再将绿色短细条插入孔中（图8）。

3. 成熟

将生坯上笼，旺火沸水蒸制5分钟，晾凉后刷上色拉油即可。

特点

色彩协调，形态逼真，工艺精细，造型别致（图9）。

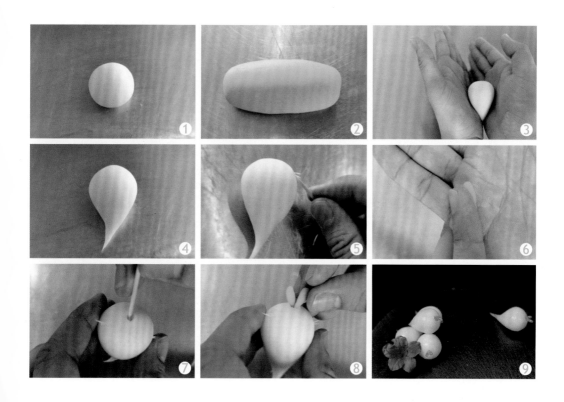

荸荠

原料

水磨糯米粉50克，水磨粳米粉200克，热水180毫升，色拉油10克，莲蓉馅50克，红曲粉10克，色拉油10克。

制法

1. 和面

和面过程参照"白鹅"的和面方法，揉成白色粉团（图1）。将其中少许白色粉团加上红曲粉揉成褐红色粉团（图2）。

2. 成型

取少许褐红色粉团捏成圆皮，包上圆形莲蓉馅（图3），捏成椭圆状（图4），用有机玻璃刮刀圈出两层荸荠圈（图5）。用白色面团和褐红色面团搓成条，做成荸荠芽（图6、图7）。在顶部用有机玻璃棒捅个孔（图8），装上荸荠芽（图9、图10），旁边也插上荸荠芽做成生坯（图11）。

3. 成熟

将生坯上笼，旺火沸水蒸制5分钟即可，晾凉后刷上色拉油。

特点

色彩协调，形态逼真，工艺精细，造型别致（图12）。

蚕豆

原料

水磨糯米粉50克，水磨粳米粉200克，热水180毫升，色拉油10克，绿色蔬菜粉10克，可可粉3克。

制法

1. 和面

和面过程参照"白鹅"的和面方法，揉成白色粉团（图1）。将其中大部分白色粉团加上绿色蔬菜粉揉成绿色粉团（图2）。将其中少许白色粉团加上可可粉揉成褐色粉团（图3）。

2. 成型

取少许绿色粉团搓成一头粗一头细的条状压扁（图4），放上白色粉团做的豆子（图5），盖上同样大小的绿色面皮（图6），压合边缘，剪去边缘多余的部分（图7），将蚕豆荚边缘压凹（图8），再将褐色面团搓成细条（图9），嵌入边缘凹坑内（图10），用有机玻璃刮刀整理（图11），在蚕豆荚顶部戳个孔（图12），插入褐色粉团短条（图13），做成蚕豆荚生坯，最后在整个蚕豆荚上用笔刷刷上可可粉（图14）。

取少许绿色面团搓成圆球（图15），压扁呈蚕豆瓣状（图16），在顶部压出凹痕（图17），用玻璃棒滚圆抛光（图18）。取少许白色面团搓成豆芽（图19），嵌入豆瓣顶部（图20），做成豆瓣生坯（图21）。

3. 成熟

将生坯上笼，旺火沸水蒸制5分钟，晾凉后刷上色拉油即可。

特点

色彩协调，形态逼真（图22）。

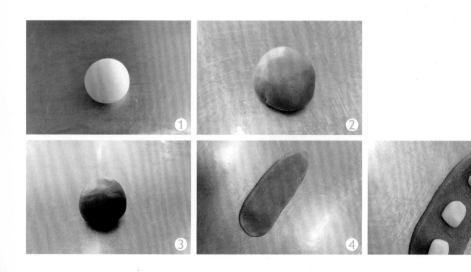

103

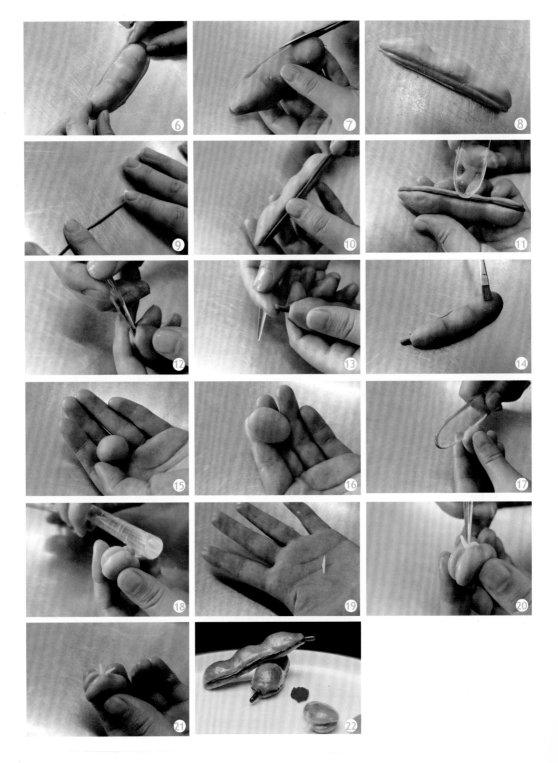

草莓

原料

水磨糯米粉50克，水磨粳米粉200克，热水180毫升，色拉油10克，红色蔬菜粉10克，绿色蔬菜粉10克，黑芝麻3克。

制法

1. 和面

和面过程参照"白鹅"的和面方法，揉成白色粉团（图1）。

将其中2/3白色粉团加上红色蔬菜粉揉成红色粉团（图2）。

将其中1/3白色粉团加上绿色蔬菜粉揉成绿色粉团（图3）。

2. 成型

取少许红色粉团搓成草莓形状（图4），再取少许绿色面团搓成细条，压扁后做成草莓蒂（图5～图7），将草莓蒂安在草莓坯上（图8），再搓根细条（图9），插入草莓蒂处（图10），然后在草莓坯上用牙签戳些密集的微坑（图11），在坑中嵌入黑芝麻（图12），做成草莓生坯。

3. 成熟

将生坯上笼，旺火沸水蒸制5分钟，晾凉后刷上色拉油即可。

特点

色彩鲜艳，形态逼真（图13）。

慈姑

原料

水磨糯米粉50克，水磨粳米粉200克，热水180毫升，色拉油10克，莲蓉馅100克，浅黄色蔬菜粉10克，可可粉3克，抹茶粉3克。

制法

1. 和面

和面过程参照"白鹅"的和面方法，揉成白色粉团（图1）。

将其中1/2白色粉团加上浅黄色蔬菜粉揉成浅黄色粉团（图2）。

将其中1/4白色粉团加上可可粉揉成浅可可色粉团（图3）。

将其中1/4白色粉团加上抹茶粉揉成浅绿色粉团（图4）。

2. 成型

取少许浅黄色粉团搓成球压扁，包入球形莲蓉馅（图5），搓成慈姑大小的形状（图6），用有机玻璃棒在顶部戳个孔备用（图7）。

取少许浅绿色粉团搓成慈姑芽（图8），插入慈姑坯顶部的孔中，周围捏紧备用（图9）。

取少许浅可可色粉团搓成条（图10），用有机玻璃棒擀成薄片（图11），用来做慈姑的外皮。先取一小段粘在慈姑坯的底部（图12），再取一端围在慈姑芽的根部（图13），以及慈姑坯的腰部（图14），做成半生坯（图15），用小刀在外皮上面排出纹路（图16），做成生坯（图17）。

3. 成熟

将生坯上笼，旺火沸水蒸制5分钟，晾凉后刷上色拉油即可。

特点

色彩淡雅，形似慈姑（图18）。

①

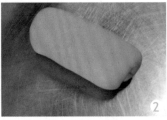

②

③

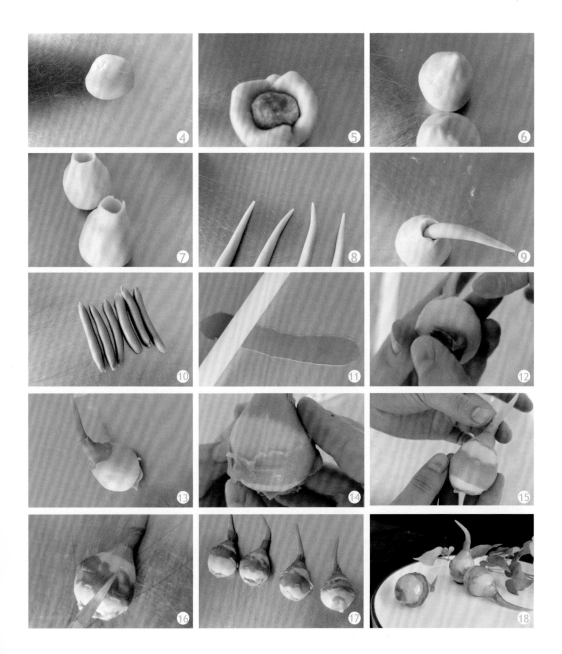

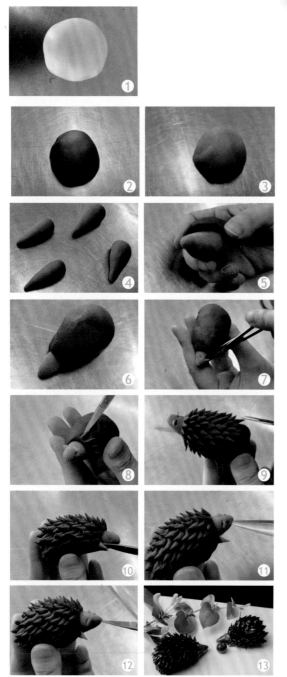

刺猬

原料

水磨糯米粉50克，水磨粳米粉200克，热水180毫升，色拉油10克，红曲粉10克，可可粉10克，黑芝麻2克。

制法

1. 和面

和面过程参照"白鹅"的和面方法，揉成白色粉团（图1）。

在1/2白色粉团中加入红曲粉揉匀揉透，做成暗红色粉团（图2）。

在1/2白色粉团中加入可可粉揉匀揉透，做成可可色粉团（图3）。

2. 成型

取少许可可色粉团做成水滴形（图4），另取少许暗红色粉团压扁，包裹在水滴形可可色粉团上（图5、图6）。先用剪刀剪出刺猬的两只耳朵（图7），剪出背上的刺（图8、图9）；剪出刺猬的脚（图10）；用黑芝麻做成刺猬的眼睛（图11）；剪出刺猬的嘴（图12），做成生坯。

3. 成熟

将生坯上笼，旺火沸水蒸制5分钟，晾凉后刷上色拉油即可。

特点

色彩鲜艳，形态逼真（图13）。

红枣

原料

水磨糯米粉50克，水磨粳米粉200克，热水180毫升，莲蓉馅100克，色拉油10克，红曲粉3克。

制法

1. 和面

和面过程参照"白鹅"的和面方法，揉成白色粉团（图1）。

在白色粉团中加入红曲粉揉匀揉透，做成枣红色粉团（图2）。

2. 成型

取少许枣红色粉团包上莲蓉馅（图3），搓成枣形（图4）；在枣坯顶部用玻璃棒戳一个孔（图5），在孔周围压上沟纹（图6），另一个底部也如此处理。在枣的坯面用玻璃刀压上纹路（图7、图8），做成枣子生坯（图9）。

3. 成熟

将生坯上笼，旺火沸水蒸制5分钟，晾凉后刷上色拉油即可。

特点

色彩鲜艳，形态逼真（图10）。

黄瓜

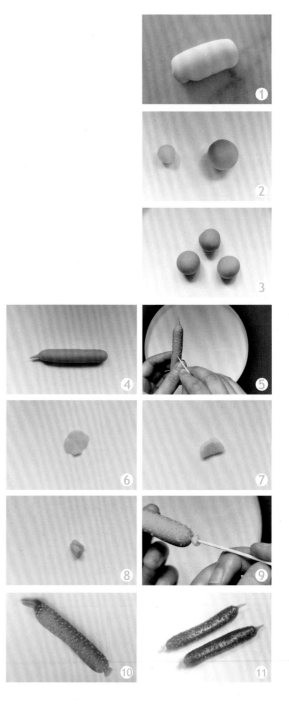

原料

水磨糯米粉50克，水磨粳米粉200克，热水180毫升，莲蓉馅80克，色拉油10克，绿色蔬菜粉8克，黄色蔬菜粉3克。

制法

1.和面

和面过程参照"白鹅"的和面方法，揉成白色粉团（图1）。

将4/5白色粉团加入绿色蔬菜粉揉搓成绿色粉团；将1/5白色粉团加入黄色蔬菜粉揉搓成黄色粉团（图2）。

2.成型

取少许绿色粉团按扁、包上莲蓉馅后搓成球状（图3），然后搓成长条黄瓜状（图4），再用牙签挑出黄瓜刺眼（图5）。取少许黄色粉团搓成小薄片（图6），然后对折（图7），再卷起呈黄瓜花状（图8），最后将黄瓜花安装在黄瓜的顶端（图9），做成黄瓜生坯（图10）。

3.成熟

将生坯上笼，旺火沸水蒸制5分钟，晾凉后刷上色拉油即可。

特点

形似黄瓜，色泽淡雅（图11）。

"茭白"

原料

水磨糯米粉50克，水磨粳米粉200克，热水180毫升，色拉油10克，吉士粉5克，绿茶粉2克，墨绿色蔬菜粉2克，老抽1克。

制法

1. 和面

和面过程参照"白鹅"的和面方法，揉成白色粉团（图1）。

在1/5白色粉团中加入吉士粉揉匀揉透，做成浅黄色粉团（图2）。

在1/5白色粉团中加入绿茶粉揉匀揉透，做成淡绿色粉团（图3）。

在1/5白色粉团中加入墨绿色蔬菜粉揉匀揉透，做成深绿色粉团（图4）。

2. 成型

取少许白色粉团包入莲蓉馅（图5），搓成水滴形（图6），做成茭白半生坯（图7），用厨刀压上纹路（图8、图9）。

各取浅黄色粉团、淡绿色粉团、深绿色粉团少许搓成小条状（图10），压成片状（图11），用厨刀排出纹路（图12），然后包裹在茭白半生坯外围作茭白皮（图13、图14）；在底部戳上小点点（图15、图16），最后用老抽在纹路上勾画一下上色（图17、图18），做成茭白生坯（图19）。

3. 成熟

将生坯上笼，旺火沸水蒸制5分钟，晾凉后刷上色拉油即可。

特点

色泽淡雅，形态逼真（图20）。

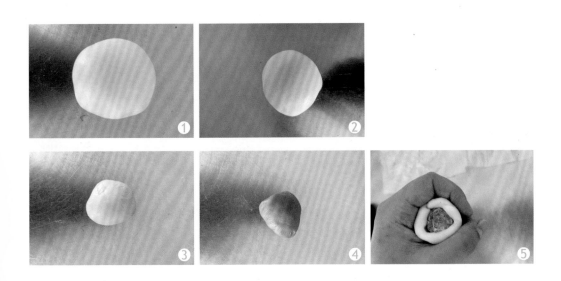

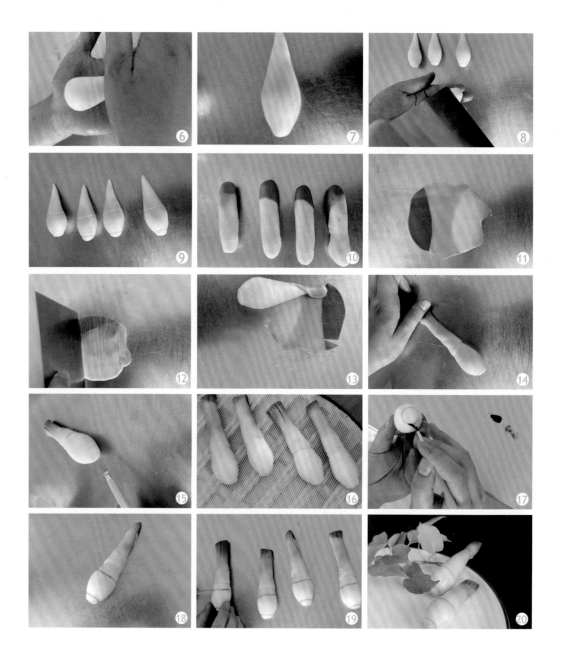

金鱼

原料
水磨糯米粉50克，水磨粳米粉200克，热水180毫升，色拉油10克，红色蔬菜粉2克，黑芝麻适量。

制法

1. 和面

和面过程参照"白鹅"的和面方法，揉成白色粉团（图1）。

取1/5白色粉团中加入红色蔬菜粉揉匀揉透，做成深红色粉团（图2）。

2. 成型

取少许白色粉团搓成球状（图3），再取少许红色面皮沾上（图4），搓成球状（图5），再修成金鱼头部的形状（图6），压出金鱼嘴（图7、图8），捏出脊背的鳍（图9），安上鱼眼睛（图10、图11），戳出鱼鳞片（图12），刻出脊鳍的细纹（图13）。

再取少许白色和红色粉团混在一起，揉搓呈球形（图14），再搓成细纺锤形（图15），压扁（图16），用有机玻璃刀压上排纹（图17、图18）制作鱼尾。

将鱼尾安在鱼身处（图19～图21），制成半生坯（图22）。再取少许红白粉团搓成水滴形（图23），压扁（图24），再压上花纹（图25），做成鱼腹鳍装上，制成生坯（图26）。

3. 成熟

将生坯上笼，旺火沸水蒸制5分钟，晾凉后刷上色拉油即可。

特点

色泽鲜明，形态逼真（图27）。

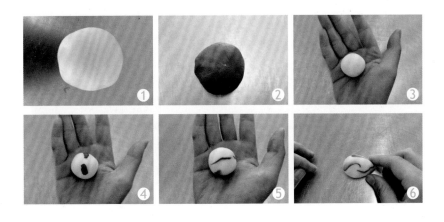

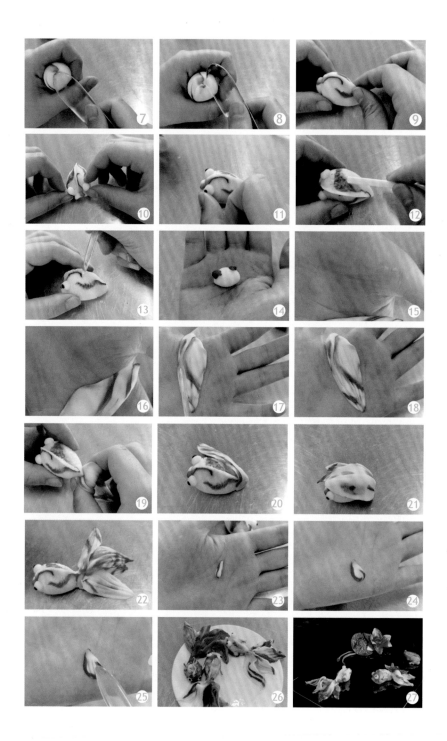

蓝莓

原料

水磨糯米粉50克，水磨粳米粉200克，热水180毫升，色拉油10克，蓝色蔬菜粉2克。

制法

1. 和面

和面过程参照"白鹅"的和面方法，揉成白色粉团（图1）。

在白色粉团中加入蓝色蔬菜粉揉匀揉透，做成深蓝色粉团（图2）。

2. 成型

取少许做成深蓝色粉团搓成蓝莓大小的球（图3），先用玻璃棒在小球顶部戳个小孔（图4），再用有机玻璃刀按压出孔边（图5），整理一下小孔（图6），最后在小球底部沾上小白色粉团，用玻璃棒顶进去（图7），做成生坯（图8）。

3. 成熟

将生坯上笼，旺火沸水蒸制5分钟，晾凉后刷上色拉油即可。

特点

色泽浅蓝，形态逼真（图9）。

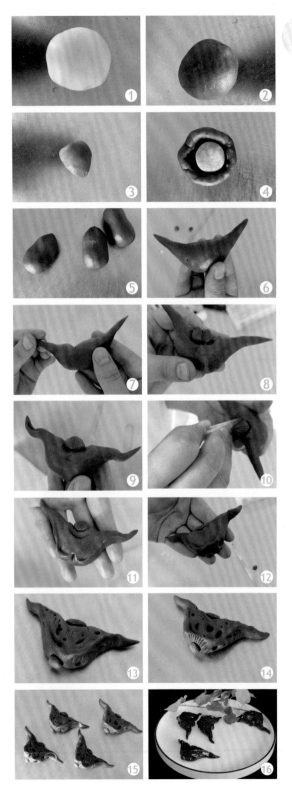

菱角

原料

水磨糯米粉50克，水磨粳米粉200克，热水180毫升，莲蓉馅80克，色拉油10克，红曲粉10克，绿色蔬菜粉2克。

制法

1.和面

和面过程参照"白鹅"的和面方法，揉成白色粉团（图1）。

在5/6白色粉团中加入红曲粉揉匀揉透，做成褐红色粉团（图2）。

在1/6白色粉团中加入绿色蔬菜粉揉匀揉透，做成绿色粉团（图3）。

2.成型

取少许褐红色粉团按扁后包入莲蓉馅（图4），搓成红枣状（图5），搓出两头的尖角（图6），中间压出一个光滑的"V"形（图7），然后在"V"形处，铲出一个凸起（图8），修一下两个菱角和凸起（图9），在凸起处压上纹路（图10），接着修一下菱角的边缘（图11）。在底部戳个孔，安上一个绿色粉团（图12），接着在菱角的表面用有机玻璃刀戳一些小孔（图13），最后在整个菱角上按压一些细纹路（图14），做成菱角生坯（图15）。

3.成熟

将生坯上笼，旺火沸水蒸制5分钟，晾凉后刷上色拉油即可。

特点

色泽褐红，形态逼真（图16）。

芒果

原料

水磨糯米粉50克，水磨粳米粉200克，热水180毫升，莲蓉馅80克，色拉油10克，橙色蔬菜粉10克，可可粉2克，抹茶粉适量。

制法

1. 和面

和面过程参照"白鹅"的和面方法，揉成白色粉团（图1）。

在5/6白色粉团中加入橙色蔬菜粉揉匀揉透，做成橙色粉团（图2）。在1/6白色粉团中加入可可粉揉匀揉透，做成褐色粉团（图3）。

2. 成型

取少许橙色粉团按扁后包入莲蓉馅（图4），包捏呈芒果形（图5），安上褐色粉团搓成的芒果蒂（图6），用笔刷上抹茶粉（图7），做成芒果生坯（图8）。

3. 成熟

将生坯上笼，旺火沸水蒸制5分钟，晾凉后刷上色拉油即可。

特点

色泽橙黄，形态生动（图9）。

117

"玫瑰"

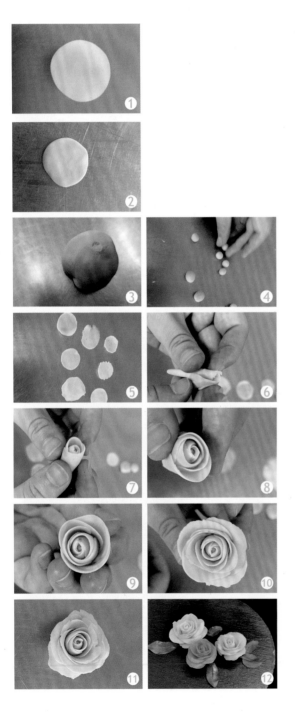

原料

水磨糯米粉50克,水磨粳米粉200克,热水180毫升,色拉油10克,粉色蔬菜粉6克,橙色蔬菜粉2克。

制法

1.和面

和面过程参照"白鹅"的和面方法,揉成白色粉团(图1)。

在5/6白色粉团中加入粉色蔬菜粉揉匀揉透,做成粉色粉团(图2)。在1/6白色粉团中加入橙色蔬菜粉揉匀揉透,做成橙色粉团(图3)。

2.成型

取少许粉色粉团分别搓成大小不等的小球(图4),用厨刀压成大小不等的薄片(图5),先将几片交错叠卷在一起(图6),对面交叉围卷两片(图7),然后一片一片交错地包卷(图8~图10),做成生坯(图11)。

3.成熟

将生坯上笼,旺火沸水蒸制5分钟,晾凉后刷上色拉油即可。

特点

色泽鲜艳,娇艳欲滴(图12)。

南瓜

原料

水磨糯米粉50克，水磨粳米粉200克，热水180毫升，莲蓉馅80克，色拉油10克，橙色蔬菜粉6克，绿色蔬菜粉2克，可可粉1克。

制法

1.和面

和面过程参照"白鹅"的和面方法，揉成白色粉团（图1）。

在2/3白色粉团中加入橙色蔬菜粉揉匀揉透，做成橙色粉团（图2）。

在1/6白色粉团中加入绿色蔬菜粉揉匀揉透，做成绿色粉团（图3）。

在1/6白色粉团中加入可可粉揉匀揉透，做成褐色粉团（图4）。

2.成型

取少许橙色粉团按扁包入球状莲蓉馅，搓成大小一样的扁球状（图5），然后用"V"字形槽刀按压出沟纹（图6、图7）。

取少许褐色粉团搓成短条（图8），做成南瓜蒂（图9），安在南瓜坯上（图10）。

取少许绿色粉团搓成水滴形（图11），压扁呈叶子状（图12），用梳子压上纹路（图13），安在南瓜坯上（图14）。

取少许绿色粉团搓成细条（图15），圈在牙签上做出弯曲的藤（图16），取出后安在南瓜蒂处（图17），做成生坯（图18）。

3.成熟

将生坯上笼，旺火沸水蒸制5分钟，晾凉后刷上色拉油即可。

特点

色泽鲜艳，形似南瓜（图19）。

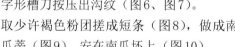

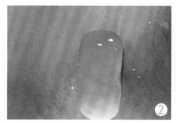

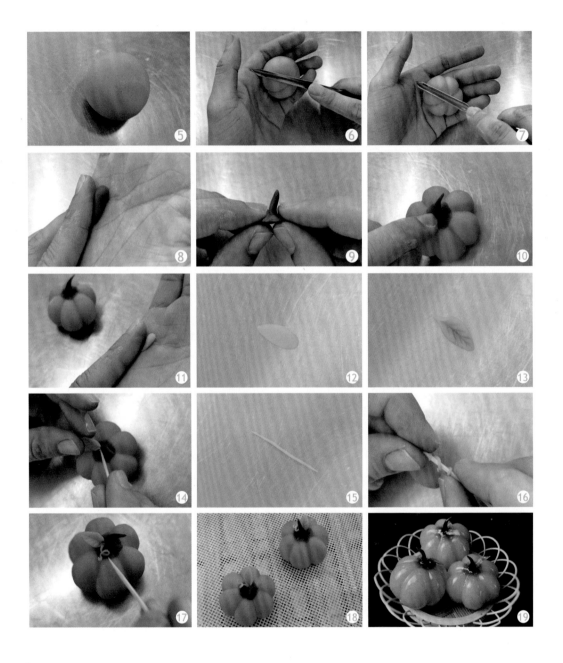

柠檬

原料

水磨糯米粉50克，水磨粳米粉200克，热水180毫升，莲蓉馅80克，色拉油10克，柠檬色蔬菜粉6克，绿色蔬菜粉2克。

制法

1. 和面

和面过程参照"白鹅"的和面方法，揉成白色粉团（图1）。

在2/3白色粉团中加入柠檬色蔬菜粉揉匀揉透，做成柠檬色粉团（图2）。在1/3白色粉团中加入绿色蔬菜粉揉匀揉透，做成绿色粉团（图3）。

2. 成型

取少许柠檬色粉团按扁后包入球状莲蓉馅，搓成水滴形（图4），再搓成柠檬形（图5、图6），用牙签在半生坯表面密集地戳一些小孔（图7、图8）。

取少许绿色粉团搓成水滴形，压扁呈叶子状（图9），用梳子压上纹路（图10、图11），安在柠檬坯上（图12），做成柠檬生坯（图13）。

3. 成熟

将生坯上笼，旺火沸水蒸制5分钟，晾凉后刷上色拉油即可。

特点

色泽鲜明，形状逼真（图14）。

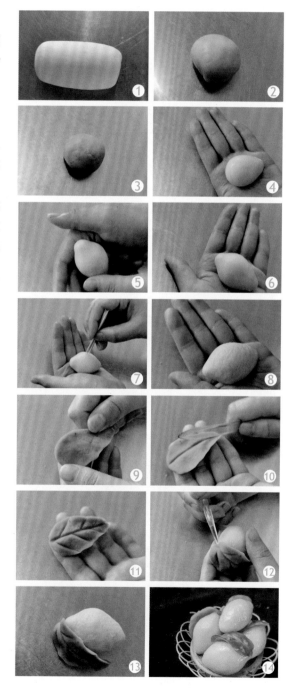

枇杷

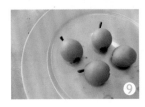

原料

水磨糯米粉50克，水磨粳米粉200克，热水180毫升，莲蓉馅80克，色拉油10克，橙色蔬菜粉6克，绿色蔬菜粉2克，可可粉1克。

制法

1. 和面

和面过程参照"白鹅"的和面方法，揉成白色粉团（图1）。

在2/3白色粉团中加入橙色蔬菜粉揉匀揉透，做成橙色粉团（图2）。

在1/6白色粉团中加入绿色蔬菜粉揉匀揉透，做成绿色粉团（图3）。

在1/6白色粉团中加入可可粉粉揉匀揉透，做成褐色粉团（图4）。

2. 成型

取少许橙色粉团按扁后包入球状莲蓉馅（图5），搓成球形。在半生坯底部沾上绿色和褐色粉团制成的小片（图6），用玻璃棒的尖端压出纹路（图7），半生坯顶部插上褐色粉团制作枇杷柄（图8），做成枇杷生坯（图9）。

3. 成熟

将生坯上笼，旺火沸水蒸制5分钟，晾凉后刷上色拉油即可。

特点

色泽鲜艳，形态逼真（图10）。

葡萄

原料

水磨糯米粉50克，水磨粳米粉200克，热水180毫升，色拉油10克，紫色蔬菜粉5克，绿色蔬菜粉3克。

制法

1. 和面

和面过程参照"白鹅"的和面方法，揉成白色粉团（图1）。

在2/3白色粉团中加入紫色蔬菜粉揉匀揉透，做成深蓝色粉团（图2）。

在1/3白色粉团中加入绿色蔬菜粉揉匀揉透，做成深绿色粉团（图3）。

2. 成型

取少许做成紫色粉团搓成葡萄大小的块（图4），搓成球状（图5），在餐盘中摆放出一串葡萄状（图6）。

取少许深绿色粉团搓成水滴形（图7），压扁后重叠在一起（图8），用有机玻璃刀刻出叶纹（图9），用剪刀剪出葡萄叶的锯齿边缘（图10），安在餐盘中葡萄串上，做成葡萄生坯（图11）。

3. 成熟

将生坯上笼，旺火沸水蒸制5分钟，晾凉后刷上色拉油即可。

特点

色泽鲜明，形态逼真（图12）。

茄子

原料

水磨糯米粉50克，水磨粳米粉200克，热水180毫升，莲蓉馅80克，色拉油10克，紫色蔬菜粉5克，绿色蔬菜粉3克。

制法

1. 和面

和面过程参照"白鹅"的和面方法，揉成白色粉团（图1）。

在2/3白色粉团中加入紫色蔬菜粉揉匀揉透，做成紫色粉团（图2）。

在1/3白色粉团中加入绿色蔬菜粉揉匀揉透，做成深绿色粉团（图3）。

2. 成型

取少许做成紫色粉团按扁后包入莲蓉馅（图4），搓成茄子的形状（图5），安上茄子蒂（图6、图7），在蒂部刻上纹路（图8），做成茄子生坯（图9）。

3. 成熟

将生坯上笼，旺火沸水蒸制5分钟，晾凉后刷上色拉油即可。

特点

色泽深紫，形状逼真（图10）。

柿子

水磨糯米粉50克，水磨粳米粉200克，热水180毫升，莲蓉馅80克，色拉油10克，红色蔬菜粉6克，可可粉1克。

制法

1. 和面

和面过程参照"白鹅"的和面方法，揉成白色粉团（图1）。

在4/5白色粉团中加入红色蔬菜粉揉匀揉透，做成红色粉团（图2）。

在1/5白色粉团中加入可可粉揉匀揉透，做成褐色粉团（图3）。

2. 成型

取少许红色粉团按扁包入球状莲蓉馅（图4），搓成球状（图5），然后从2/3处捏出类似"葫芦状"（图6），再次压扁呈柿子状（图7），在半生坯的顶部用玻璃棒戳一个孔（图8）。

另取少许褐色粉团用手掌压成圆形薄片，用剪刀剪四个口（图9），再用玻璃棒粘压在半生坯顶部的孔处，用玻璃棒安装上蒂（图10、图11），然后在底部点上一个褐色粉团搓成的点（图12），做成柿子生坯（图13）。

3. 成熟

将生坯上笼，旺火沸水蒸制5分钟，晾凉后刷上色拉油即可。

特点

色泽鲜艳，形态逼真（图14）。

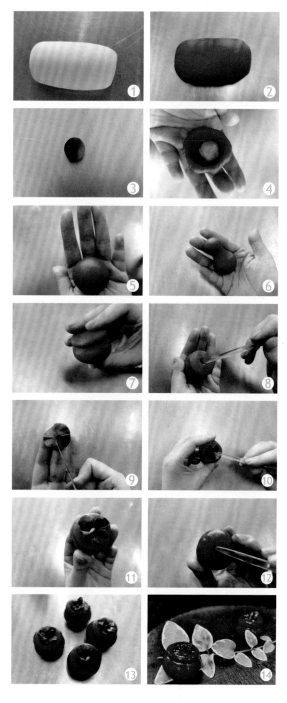

125

寿桃

原料

水磨糯米粉50克，水磨粳米粉200克，热水180毫升，莲蓉馅80克，色拉油10克，红色蔬菜粉液适量。

制法

1. 和面

和面过程参照"白鹅"的和面方法，揉成白色粉团（图1）。

取1/3白色粉团加入绿色蔬菜粉揉搓成绿色粉团（图2）。

2. 成型

取少许白色粉团搓圆、按扁，包入莲蓉馅，搓成球状（图3），再搓成水滴形（图4），用有机玻璃刀压出桃纹（图5）。

取少许绿色粉团搓成枣核形压扁（图6），刻上桃叶的纹路（图7～图9），将桃叶配在桃子旁边，做成生坯（图10）。

3. 成熟

将生坯上笼，旺火沸水蒸制5分钟，晾凉后刷上色拉油，喷上红色蔬菜粉液即可（图11）。

特点

形似寿桃，十分逼真（图12）。

树莓

原料

水磨糯米粉50克，水磨粳米粉200克，热水180毫升，色拉油10克，红色蔬菜粉8克。

制法

1. 和面

和面过程参照"白鹅"的和面方法，揉成白色粉团（图1）。将白色粉团加入红色蔬菜粉揉搓成红色粉团（图2）。

2. 成型

取少许白色粉团搓圆呈水滴形，用玻璃棒戳一个孔（图3、图4），然后用鹅毛管从树莓的边缘开始戳上孔纹（图5），从上到下按顺序戳满孔纹（图6），做成树莓生坯（图7）。

3. 成熟

将生坯上笼，旺火沸水蒸制5分钟，晾凉后刷上色拉油即可。

特点

形似树莓，逼真可人（图8）。

松鼠和松果

原料

水磨糯米粉50克，水磨粳米粉200克，热水180毫升，莲蓉馅80克，色拉油10克，吉士粉8克，可可粉5克。

制法

1. 和面

和面过程参照"白鹅"的和面方法，揉成白色粉团（图1）。

将2/3白色粉团加入吉士粉揉搓成浅黄色粉团（图2）。

将1/3白色粉团加入可可粉揉搓成褐色粉团（图3）。

2. 成型

取少许浅黄色粉团搓圆、按扁，包上莲蓉馅后搓圆，刻上纹路（图4）。取少许褐色粉团搓成细条（图5），嵌入纹路中（图6），搓成葫芦状（图7）。用有机玻璃弯头部分塑出松鼠的头部、耳朵、眼窝（图8～图10），剪出松鼠的上肢（图11），再剪出松鼠的下肢（图12）。

取少许浅黄色粉团搓圆、按扁，包上莲蓉馅后搓圆，嵌上褐色条纹（图13），再搓成纺锤状（图14），弯曲后装作松鼠的尾巴（图15），装上松鼠的眼睛（图16）。

取少许褐色粉团搓成水滴形（图17），然后用剪刀剪出刺纹（图18），做成松果生坯（图19）。

3. 成熟

将生坯上笼，旺火沸水蒸制5分钟，晾凉后刷上色拉油即可。

特点

松鼠逼真，松果形似（图20）。

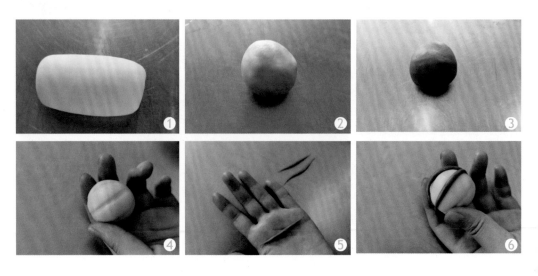

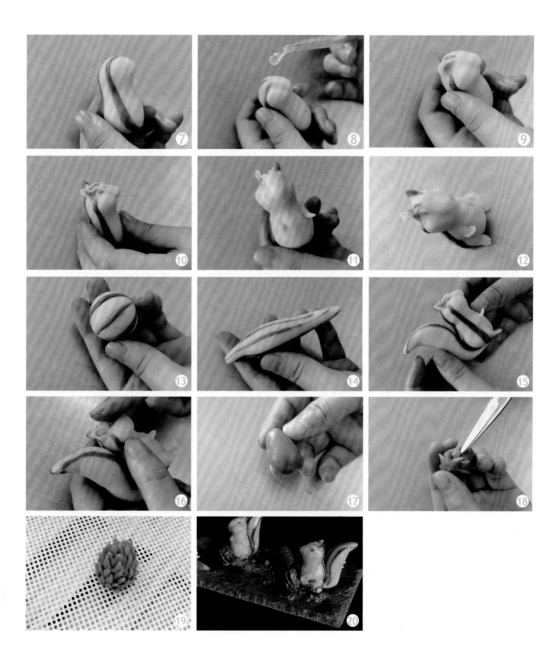

兔子和胡萝卜

原料

水磨糯米粉50克，水磨粳米粉200克，热水180毫升，莲蓉馅80克，色拉油10克，橙色蔬菜粉8克，绿色蔬菜粉5克。

制法

1．和面

和面过程参照"白鹅"的和面方法，揉成白色粉团（图1）。

将2/3白色粉团加入橙色蔬菜粉揉搓成橙色粉团（图2）。

将1/3白色粉团加入绿色蔬菜粉揉搓成绿色粉团（图3）。

2．成型

取少许白色粉团搓圆、按扁，包上莲蓉馅后搓圆呈一头大一头小的形状（图4），用剪刀剪出兔子耳朵（图5、图6），将兔身修圆（图7），修出兔头、兔眼窝（图8），压出兔子耳朵耳窝（图9、图10），再修出兔子前腿、兔子后腿（图11、图12），修出前脚、后脚（图13），压出脚爪（图14），沾上兔子尾巴（图15），装上兔子眼睛（图16），做成生坯。

取少许橙色粉团搓成圆球（图17），再搓成胡萝卜形（图18），刻画上纹路（图19），顶部插上绿色粉团搓成的条（图20），做成胡萝卜生坯。

3．成熟

将生坯上笼，旺火沸水蒸制5分钟，晾凉后刷上色拉油即可。

特点

兔子逼真，胡萝卜显得生机勃勃（图21）。

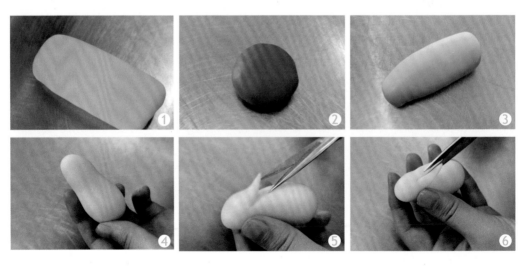

香蕉

原料

水磨糯米粉50克，水磨粳米粉200克，热水180毫升，莲蓉馅80克，色拉油10克，黄色蔬菜粉8克，可可粉1克。

制法

1．和面

和面过程参照"白鹅"的和面方法，揉成白色粉团（图1）。将1/3白色粉团加入黄色蔬菜粉揉搓成黄色粉团（图2）。

2．成型

取少许白色粉团按扁，包上莲蓉馅后搓成白色香蕉瓣的形状（图3），将黄色粉团擀成片（图4），用厨刀切出一个三角口（图5），把白色香蕉瓣放在黄色粉皮上（图6），包裹成香蕉生坯（图7、图8），用毛笔在香蕉的边缘刷上可可粉（图9），做成生坯。

3．成熟

将生坯上笼，旺火沸水蒸制5分钟，晾凉后刷上色拉油即可。

特点

色泽黄白，造型逼真（图10）。

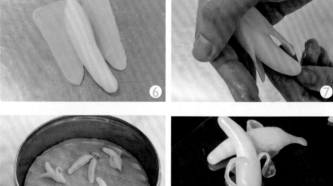

"小番茄"

原料

水磨糯米粉50克，水磨粳米粉200克，热水180毫升，色拉油10克，红色蔬菜粉10克，绿色蔬菜粉2克。

制法

1. 和面

和面过程参照"白鹅"的和面方法，揉成白色粉团（图1）。

在3/4白色粉团中加入红色蔬菜粉揉匀揉透，做成红色粉团（图2）。

在1/4白色粉团中加入绿色蔬菜粉揉匀揉透，做成绿色粉团（图3）。

2. 成型

取少许红色粉团搓成球形（图4），取一点绿色粉团分别搓成小纺锤状，然后交叉压在一起（图5），装在小番茄坯的顶部（图6），安上蒂柄（图7），做成小番茄生坯（图8）。

3. 成熟

将生坯上笼，旺火沸水蒸制5分钟，晾凉后刷上色拉油即可。

特点

色彩鲜艳，形态逼真（图9）。

133

小鸡

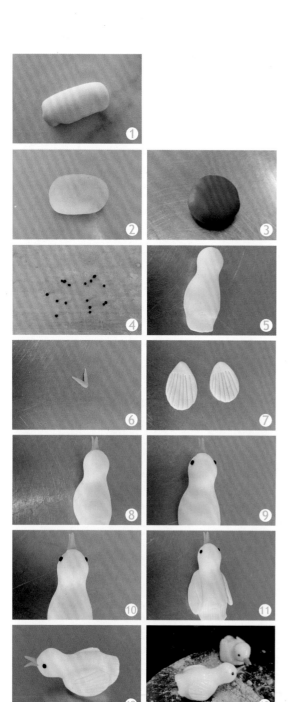

原料

水磨糯米粉50克，水磨粳米粉200克，热水180毫升，莲蓉馅80克，色拉油10克，黄色蔬菜粉8克，红色蔬菜粉3克，竹炭粉1克。

制法

1.和面

和面过程参照"白鹅"的和面方法，揉成白色粉团（图1）。

将3/5白色粉团加入黄色蔬菜粉揉搓成黄色粉团（图2）。

将1/5白色粉团加入红色蔬菜粉揉搓成红色粉团（图3）。

将1/5白色粉团加入竹炭粉揉搓成黑色粉团，搓成小鸡的眼睛（图4）。

2.成型

取少许黄色粉团按扁，包上莲蓉馅后搓成小鸡生坯（图5），用橙色粉团搓成小鸡的嘴（图6），取少许黄色粉团做成鸡翅膀（图7）；接着装上鸡嘴（图8），安上鸡眼睛（图9）。在鸡尾处刻出鸡尾羽（图10），粘上鸡翅膀（图11），做成小鸡生坯（图12）。

3.成熟

将生坯上笼，旺火沸水蒸制5分钟，晾凉后刷上色拉油即可。

特点

色泽淡黄，憨态可掬（图13）。

小猪

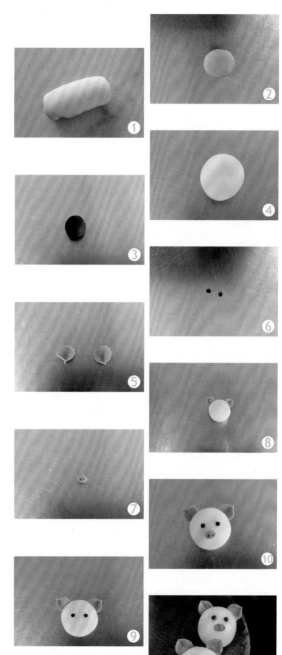

原料

水磨糯米粉50克，水磨粳米粉200克，热水180毫升，莲蓉馅80克，色拉油10克，红色蔬菜粉8克，可可粉1克。

制法

1. 和面

和面过程参照"白鹅"的和面方法，揉成白色粉团（图1）。

将1/4白色粉团加入红色蔬菜粉揉搓成红色粉团（图2）。

将1/5白色粉团加入可可粉揉搓成褐色粉团（图3）。

2. 成型

取少许白色粉团按扁，包上莲蓉馅后搓成球形（图4）。取少许红色粉团搓成猪耳朵（图5）。

取少许褐色粉团搓成猪眼睛（图6）。

取少许红色粉团搓成猪嘴，戳上两个小孔（图7）。

将球形生坯装上猪耳朵（图8），再装上猪眼睛（图9），装上猪嘴（图10），做成生坯。

3. 成熟

将生坯上笼，旺火沸水蒸制5分钟，晾凉后刷上色拉油即可。

特点

形似小猪，憨态可掬（图11）。

135

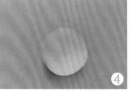

雪梨

原料

水磨糯米粉50克，水磨粳米粉200克，热水180毫升，莲蓉馅80克，色拉油10克，黄色蔬菜粉8克，可可粉1克。

制法

1．和面

和面过程参照"白鹅"的和面方法，揉成白色粉团（图1）。

将4/5白色粉团加入黄色蔬菜粉揉搓成黄色粉团（图2）。

将1/5白色粉团加入可可粉揉搓成褐色粉团（图3）。

2．成型

取少许黄色粉团按扁，包上莲蓉馅后搓成球形（图4），用手搓成葫芦状（图5），用手拢出梨颈（图6），再用玻璃棒在梨子顶部戳一个孔（图7）。

取少许褐色粉团搓成细条（图8），插入顶部小孔处做梨柄（图9），做成生坯（图10）。

3．成熟

将生坯上笼，旺火沸水蒸制5分钟，晾凉后刷上色拉油即可。

特点

色泽浅黄，形状逼真（图11）。

阳桃

原料

水磨糯米粉50克,水磨粳米粉200克,热水180毫升,莲蓉馅80克,色拉油10克,绿色蔬菜粉8克。

制法

1. 和面

和面过程参照"白鹅"的和面方法,揉成白色粉团(图1)。在白色粉团加入绿色蔬菜粉揉搓成绿色粉团(图2)。

2. 成型

取少许绿色粉团按扁,包上莲蓉馅后搓成粗条状(图3),然后用有机玻璃刀从顶部分为五等份(图4),正面也延伸分为五等份(图5),每个等份之间用玻璃棒压出凹坑(图6),每等份的边缘捏出腰脊线,做成阳桃生坯(图7)。

3. 成熟

将生坯上笼,旺火沸水蒸制5分钟,晾凉后刷上色拉油即可。

特点

形似阳桃,色泽碧绿(图8)。

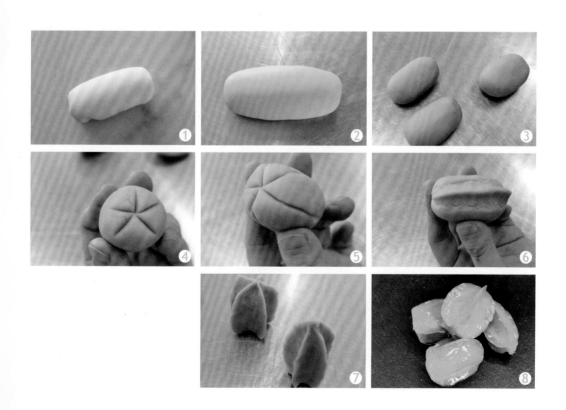

椰树和大象

原料

水磨糯米粉50克，水磨粳米粉200克，热水180毫升，莲蓉馅80克，色拉油10克，竹炭粉8克，绿色蔬菜粉5克，可可粉5克。

制法

1. 和面

和面过程参照"白鹅"的和面方法，揉成白色粉团（图1）。

将2/5白色粉团加入竹炭粉揉搓成浅灰色粉团（图2）。将2/5白色粉团加入绿色蔬菜粉揉搓成墨绿色粉团（图3）。将1/5白色粉团加入可可粉揉搓成褐色粉团（图4）。取少许浅灰色粉团加上少许墨绿色粉团揉搓成墨黑色粉团（图5）。

2. 成型

取少许浅灰色粉团按扁，包上莲蓉馅后搓成吉他形生坯（图6），翻身过来压上两道沟（图7），捏出四个脚（图8），戳出大象的鼻孔（图9），掏出大象的嘴巴（图10），做成半生坯（图11）。装上大象的耳朵（图12、图13），装上大象的眼睛（图14、图15），最后安上大象的尾巴（图16），做成大象的生坯。

取少许褐色粉团做成树干（图17），墨绿色粉团做成椰树的叶子（图18）。安上椰树叶（图19），做成椰树的生坯（图20），放上大象，做成整个组合图案（图21）。

3. 成熟

将生坯上笼，旺火沸水蒸制5分钟，晾凉后刷上色拉油即可。

特点

色泽淡雅，图案和谐（图22）。

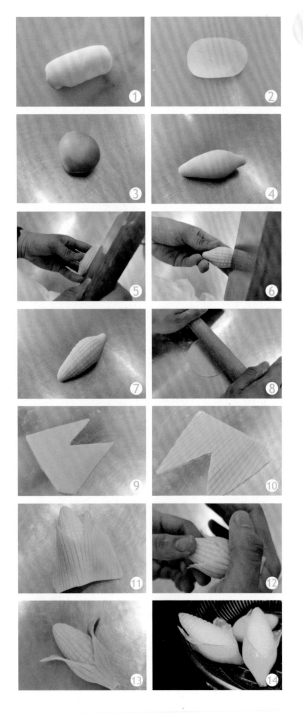

玉米

原料

水磨糯米粉50克，水磨粳米粉200克，热水180毫升，莲蓉馅80克，色拉油10克，黄色蔬菜粉8克，绿色蔬菜粉5克。

制法

1.和面

和面过程参照"白鹅"的和面方法，揉成白色粉团（图1）。

将4/5白色粉团加入黄色蔬菜粉揉搓成黄色粉团（图2）。将1/5白色粉团加入绿色蔬菜粉揉搓成绿色粉团（图3）。

2.成型

取少许黄色粉团按扁，包上莲蓉馅后搓成玉米形生坯（图4），在玉米坯上刻出竖纹（图5），再转90度刻出横纹（图6），做成玉米粒的模样（图7）。

取少许绿色粉团用擀面杖擀成皮（图8），刻出三角的形状（图9），在其上再刻出排纹（图10）做成玉米皮，包在玉米坯上（图11），用手窝起包好（图12），做成玉米生坯（图13）。

3.成熟

将生坯上笼，旺火沸水蒸制5分钟，晾凉后刷上色拉油即可。

特点

色泽鲜明，形似玉米（图14）。